石油技师

(49)

中国石油天然气集团有限公司人力资源部 编

石油工业出版社

内 容 提 要

本书以文集的形式介绍了技能人才培养、班组管理、经验分享、现场疑难分析与处理、技术革新等内容。有助于一线员工提升业务素养、提高业务水平。

本书可供石油石化各企业基层操作人员阅读。

图书在版编目（CIP）数据

石油技师．49／中国石油天然气集团有限公司人力资源部编．－－北京：石油工业出版社，2025．2.
ISBN 978-7-5183-7269-0

Ⅰ．TE-53

中国国家版本馆 CIP 数据核字第 2024FD8277 号

出版发行：石油工业出版社有限公司
（北京朝阳区安华里二区 1 号楼　100011）
网　　址：www.petropub.com
编辑部：（010）64255590
图书营销中心：（010）64523633
经　　销：全国新华书店
印　　刷：北京中石油彩色印刷有限责任公司

2025 年 2 月第 1 版　2025 年 2 月第 1 次印刷
889×1194 毫米　开本：1/16　印张：6.25
字数：155 千字
定价：15.00 元
（如出现印装质量问题，我社图书营销中心负责调换）
版权所有，翻印必究

目 录 Contents

培训管理

培养高素质技能人才队伍　助力世界一流
企业建设……………………………………… 1
　　◆李洪强

基于系统工程理论的班组提质增效
管理实践……………………………………… 5
　　◆陈树勇　赵奇峰　鲜林祥　张　宇　郭旭媛

"5·5"培训法在采油作业中的探索与
应用………………………………………… 14
　　◆朱海玲　李　莎　杨　梅　蒋长东　贾朝晖

"1332"培训管理法在环江作业区的实践
…………………………………………… 21
　　◆杨　曦　杨　君　刘利娜　冯周江　安军红

师带徒：培养技能人才的有效途径……… 25
　　◆刘洪俊　许佳欣　刘永明　刘　洋　李忠军

经验分享

主母火燃烧器在安塞油田生产现场的应用
…………………………………………… 28
　　◆陈凤莲　付彦丽　魏　诚　胡志才　杜亚红

浅谈加油站客户开发与维护……………… 33
　　◆张雨立　唐　颖

用顶空气相色谱法测定聚苯乙烯树脂中残余
苯乙烯含量………………………………… 36
　　◆潘志强　蒋　敏　陈实春　张建涛　黄　慧

储罐计量导向管对液高的影响…………… 41
　　◆陈茂喜

现场疑难

提高双峰 HDPE 浆液和粉料 MFR 测试
稳定性和准确性的研究…………………… 44

　　◆张　强　张锋锋　王志丹　夏　妍　邱　阳

乙烯装置脱乙烷塔采出管线堵塞探讨…… 49
　　◆姜　涛　陈　昌　刘羽中

长输管道全自动焊环焊缝缺陷返修
注意要点…………………………………… 54
　　◆牛连山　邵洪波　孟令晨

降低 BH550 状态监测范围内轴承电动机
月故障率的措施…………………………… 59
　　◆赵　新

降低丁二烯中压蒸汽单耗的分析及优化
措施………………………………………… 64
　　◆吴　茜　高鹏达　龚　悦　蒲洪伟　张　燕

技术革新

螺旋推进器密封与轴保护改造…………… 68
　　◆岳景春　冯　春　高　杨　黄东晖　张　帅

注水泵智能管控系统装置的研制及应用… 73
　　◆姚江龙　李　兵

微功耗封井器状态检测装置的研制与应用
…………………………………………… 79
　　◆张道华　米永强　李爱忠　张　勇　朱　会

智慧工地临时用电配电箱的研制与应用… 84
　　◆卫　东　林树国　刘国昌

便携式高效吊耳载荷加载测试装置研制
与应用……………………………………… 88
　　◆郭　锐　罗　强　刘红武　商　杰　任成州

电站犁煤装置研制与应用………………… 91
　　◆李金艳

轴承感应加热拆装工具的研制与应用…… 94
　　◆姜　平

《石油技师》编辑部

主　　编	刘　丽　李　丰
副主编	胥　勇　吴　莺
责任编辑	吴　莺
美术编辑	孙晋平　张　聪　任红艳
主　　办	中国石油天然气集团有限公司人力资源部
协　　办	中国石油天然气集团有限公司技能专家协作委员会 石油工业出版社
编　　辑	《石油技师》编辑部
通信地址	北京市朝阳区安华西里三区18号楼
邮政编码	100011
投稿网址	https://syuj.cbpt.cnki.net
编辑部电话	(010)64255590
设计印刷	北京中石油彩色印刷有限责任公司
出版日期	2025年2月

培养高素质技能人才队伍 助力世界一流企业建设

◆ 李洪强

技能人才是企业人才队伍的重要组成部分，加强技能人才队伍建设，是推动技术技能创新和成果转化、提高企业竞争力的内在要求和必要条件。东方物探公司紧密围绕国家和中国石油天然气集团有限公司（以下简称集团公司）技能人才政策，深入贯彻人才强企理念，以建立一支政治坚定、技能过硬、结构合理的技能人才队伍为目标，持续引领技能人才成长和创新步伐，实现员工与企业的共同发展，助力企业更好地实现战略目标。

1 注重顶层设计，实施技能人才开发工程

坚持以实现技能人才队伍高质量发展为总体要求，深入推进实施人才强企工程，在制度建设、发挥合力、激发活力上久久为功，持续为企业高质量发展提供可靠技能人才队伍保障。

1.1 聚焦战略目标、加强制度建设

聚焦企业战略目标，明确了"十四五"期间高技能人才队伍的发展目标，从人才实力、队伍实力和价值贡献三个维度细化技能人才开发指标、目标，制定工程运行表，梳理16项任务清单，压实工作责任，提出了全方位培养、使用、激励人才的主要措施，推进技能人才队伍建设举措落地。以技能人才工种晋级体系为基础，持续健全、优化技能人才培养制度，形成了以《职业技能等级认定管理实施细则》《职业技能竞赛管理实施细则》《高技能人才管理实施细则》《技能专家工作室管理办法》《技能人才创新项目管理办法》为主体的技能人才队伍管理制度体系，提升技能人才管理科学化、规范化水平，为各项工作高效开展提供支持和保障。

1.2 加强部门协同、坚持上下联动

全面推进有理想守信念、懂技术会创新、敢担当讲奉献的石油物探工人队伍建设，突出和强化职工思想引领力，增强职工建功立业实效性，攻克职工素质提升难点。积极与公司多部门协同配合，按照"政治上保证、制度上落实、素质上提高、岗位上创效"的总体思路，紧紧围绕人事改革发展大局，创新技能人才管理模式，激发队

伍创新创效活力。构建以一线技能人才为主体、基层生产岗位为阵地、相关部门提供支持服务为保障的一线创新工作体系。建立三级高技能人才联系人制度，明确个性化发展目标，规划成长路径，掌握高技能人才现状，了解需求，有针对性地提供学习培训、参与交流机会，助力技能人才成长，形成"层层落实、人人推动"的技能人才队伍建设态势。

1.3 坚持考核激励，提升活力动能

进一步促进技能人才队伍健康发展，以注重能力、突出贡献、业绩优先为原则，优化技师及以上等级高技能人才绩效考核体系，从解决一线生产难题、开展技术攻关、技改革新和技艺传承等方面科学制定考核标准。推广实施积分考核办法，实行考核结果和比例强制分布，优秀（90分以上）不超过总人数20%，良好（80分以上）不超过总人数20%，较好（70分以上）不超过总人数30%，合格（60分以上）及不合格（60分以下）为30%。其中，年度考核结果连续两年不合格，予以解聘或降级聘用。强化考核结果应用，实现考核结果与个人收入强挂钩，充分发挥积分考核结果导向作用，形成了聘任等级"能高能低"、薪酬"能增能减"的动态激励机制，充分调动技能人才岗位成才、岗位创新、岗位奉献的积极性。

2 完善评价体系，激发技能队伍内生动力

持续健全完善技能人才评价体系，加强题库开发与建设，强化技能等级认定组织实施，切实满足了广大员工技能提升需求，有力推动了技能人才队伍建设，促进了技能人才队伍结构优化。

2.1 建立多维度认定体系，保障技能人才评价科学规范

形成以职业能力为核心，以工作业绩为重点，突出创新创效能力和解决问题能力的考核体系，坚持把职业操守、工作品德评价放在首位，构建以成果业绩、年度考核、理论知识和操作技能考核等多方式、多维度的全面评价体系，全面细化优化评价标准，保证认定工作科学规范开展。

2.2 加强题库开发建设，保障技能人才评价有章可循

为促进技能等级认定工作与生产实际紧密结合，进一步优化题库管理和建设模式，强化企业在技能人才评价中的主体地位，将题库功能和生产经营实际需要紧密结合，下大力气开展题库开发、修订工作，组建了35名由二级工程师和公司技能专家以上级别的题库命题专家队伍。按年度组织开展题库开发和修订工作，三年内，先后完成了石油地震勘探工等8个主体工种教程编修工作，完成题库修订工作量17万余道，有力保障了技能人才评价工作规范化运行。

2.3 加强靠前服务实施，保障技能人才评价客观公正

以技能人才评价中心为引领，12个职业技能人才评价工作站为依托，按照"两随机、一公开"监管要求，创建具有物探特色的"分批次、分区域、分时域"服务组织模式，最大限度缓解认定和生产矛盾，保证广大员工的认定参与度。注重加强组织过程质量管理，坚持实施全方位质量督导，在接受外部督导的同时，建立了由各技能人才评价站站长组成的内部质量督导队伍，确保了认定过程各个环节的有效质量控制，保证了技能人才评价结果的客观公正。

2.4 积极落实补贴政策，激发技能人才学习认定动力

积极和地方人社部门沟通，成为首批河北省职业技能等级认定试点单位，保障认定结果和国网接轨，2021—2023 年，职业技能等级认定证书实现国网在线查询 1500 余人。认真贯彻落实国家和地方职业技能提升行动，及时组织申报材料向地方社保部门申请技能提升补贴，累计为员工申领技能提升补贴 100 余万元。

3 强化赋能提升，优化技能人才队伍结构

技能人才培养紧跟石油物探技术升级和勘探方法发展方向，以改善技能人才知识结构、提升综合履职能力、增强一线生产创新创效技能为目标，着力提升员工的职业素质、业务能力、专业技能和思想觉悟，激发干事创业激情。

3.1 强化转岗培训，盘活技能人才"存量"

为适应绿色勘探对可控震源操作工和修理工的需求，鼓励非主体工种员工参加转岗培训，公司连续 7 年组织开展转岗培训，2018—2023 年，举办可控震源操作工和修理工培训 15 期，累计完成转岗培训 523 人，优化了技能人才队伍技能结构，满足一线生产对技能人才的需要，有效缓解结构性缺员、结构性冗员矛盾。

3.2 强化多能培训，提升技能人力价值

面对操作技能员工普遍技能单一、上岗竞争力偏弱的问题，大力实施"一专多能"培训，实现相关岗位员工"精一岗、通两岗、会三岗"，培养复合型技能人才和技能"多面手"，改善技能人才知识结构。目前，技能人才队伍中，取得第二工种等级证书人员占比达 12%，充分挖掘人才潜能。

3.3 强化精准培训，提升高技能人才引领作用

高技能人才培养紧跟国内外石油物探技术升级和勘探方法创新发展，着力提升员工的职业素质、业务能力和专业技能。每年组织开展两级技能专家、特级技师创新能力及综合能力提升培训，在聘技师、高级技师综合能力提升轮训，技能专家及高级技师后备人才培训，每年培训 200 余人次。加大一线生产班组长队伍中技师、高级技师评价选拔和培养力度，在技师、高级技师队伍中选拔培养班组长，主体生产工种班组长取得技师及以上技能等级的人员比例达到 70% 以上，实现了技师和班组长双向培养。

4 深化平台建设，助力技能人才效能发挥

多维度多层级构建技能人才作用发挥平台，充分发挥技能人才在技术攻关、技改革新、技艺传承等方面的示范引领作用，借力技能竞赛、成果奖励为技能人才建功立业添动能。

4.1 搭建技能攻关平台，促进一线创新创效

每年在全公司范围内广泛开展一线生产难题征集活动，并组织相关专家对难题进行层级划分，各二级单位组织人员进行联合技能攻关。三年来解决各级别一线生产难题 328 项，推动了一线生产难题的攻关，促进了技能成果的共享。充分利用集团公司技能人才创新基金，有效解决关键难题，制定《技能人才创新项目管理办法》，成立企业级技能人才创新基金，更好破解一线技术技能人才开展创新创效活动缺少渠道和资金支持的掣肘，凝聚和发挥技能领军人才优势，建立"难题立项—项目攻关—形成成果—成果推广"

一体化、全流程协同创新新模式，为技术技能人才创造创新攻关的良好环境。

4.2 搭建技艺传承平台，发挥高技能人才传帮带作用

公司大力支持和鼓励高技能人才发挥技艺传承的独特作用。一是鼓励高技能人才组织培训，要求每年参与兼职授课不低于20课时，实现精湛技艺在更广范围传承发扬；二是要求高技能人才积极开展"师带徒"活动，高级技师带徒人数不得少于1人、特级技师不得少于2人、公司和集团公司技能专家不得少于3人；三是大力支持高技能人才将绝招绝技、操作工法中的经验、技改攻关或破解难题之法等显性化，撰写论文、制作课件或参与公司标准及培训教材编写。以上做法充分发挥了高技能人才在人才培养、推动公司技能员工职业素质、技能水平提升等方面的头雁效应。

4.3 搭建技能竞赛平台，提升员工队伍素质

发挥职业技能竞赛在促进技能人才培养、推动技能培训和弘扬工匠精神等方面的重要作用，积极承办和举办各级别、多领域的职业竞赛。针对主体工种，公司每2年举办一次全员岗位练兵和技能竞赛，鼓励二级单位举办多层次的岗位练兵和技能竞赛，为优秀技能人才脱颖而出创造条件和机会。2021—2024年，承办3次集团公司级竞赛，有48人通过竞赛获得技能等级晋升，有15人获得"集团公司技术能手"称号。

4.4 搭建工作创新平台，助推企业生产提质增效

由技能专家领衔建立技能专家工作室，集中技术技能人才优势，建立工作团队，充分利用各类资源，开展一线生产服务、技术技能交流、技改革新、人才培养等工作。公司出台了《技能专家工作室管理实施细则》，明确规定了工作室的产生、运行、考核等多项内容，实现工作室的规范管理和高效运行。截至目前，公司建有两级技能专家工作室8个。工作室按比例容纳了两级技能专家、特级技师、高级技师等高技能人才和高级工程师、工程师等高级技术人才，实现了"红工衣和白大褂的"组合。近3年来，取得国家专利18项，承担集团公司创新基金项目5个，攻克集团级一线生产难题29项，公司级一线生产难题86项，技能专家工作室作用持续彰显。

4.5 搭建创新奖励平台，充分展示员工创新风采

制定《创新活动及成果奖励办法》，每年对一线难题攻关成果和一线生产创新成果、QC成果等进行评选、推广、奖励，为技能员工搭建展示、交流平台，引导技能人才队伍融入创新创效浪潮，切实促进一线生产提质增效，体现技能人才队伍价值，营造创新的良好氛围。2022年以来，技能人才获得省部级奖励15项，获得公司级奖项50余项。

高技能人才是企业发展的重要人力资源，要充分利用好内部、外部政策和资源，创造技能人才成长大环境，打出技能人才队伍"组合拳"；坚持回头看，常总结，科学、系统开展技能人才队伍内涵和外延建设，以各项技能人才队伍建设政策为纽带，为技能人才成长搭建平台、创造机会，不断开创技能人才队伍建设新局面。

（作者：李洪强，东方物探公司人力资源部，技能人才管理负责人）

基于系统工程理论的班组提质增效管理实践

◆陈树勇 赵奇峰 鲜林祥 张 宇 郭旭媛

采油作业四区18号站（以下简称18号站）隶属于辽河油田分公司欢喜岭采油厂，位于齐108块，现有员工62人，共管理183口井，平均日产液量1420t，日产油116t。作为勘探开发达40多年的老采油站，地域小、稳产难、发展空间和后劲严重不足等问题日渐凸显，产量、人员、成本三大结构配比不合理矛盾日益突出。面对诸多困难，18号站既时刻保持清醒头脑，直面风险和挑战，又充分把握自身优势，不遗余力地向认识上的"误区"、管理上的"盲区"、成本上的"雷区"和技术上的"禁区"进军，坚持在实践中创新、在创新中提升，借鉴系统工程理论从总体出发，合理规划、开发、运行、管理，以整体性、综合性、科学性、实践性的观点处理解决问题，逐步形成了具有18号站特色的基于系统工程理论的提质增效管理模式，为高质量发展、效益开发、"碳达峰碳中和"绿色生产夯实了基础。

1 基于系统工程理论的提质增效管理的主要内涵

油田开发是个系统工程，多环节、多要素交织，经济、技术及管理深度融汇，根据油田开发特征，以动力为引领，以环节抓控制，以管理为基础，创新油田开发管理模式，主要内涵有以下4点。

1.1 坚持效益发展原则

以降本增效为导向，建立健全规范的提质增效管理组织、制度、考核、运行体系，科学定性分析，运用目标管理法确定整体和分项目目标，细化责任内容，指标层层分解。

1.2 党政工团齐抓共管

以系统优化为重点，加强统筹规划，借助经济评价、泵况管理、修旧利废等平台，以潜力点为突破口，坚持管理技术两手抓，优化井站集油掺水工艺，推行对标管理，发动全员参与、全员创效。

1.3 分系统进行调查、监测和分析

优化用气用电、设备匹配选型、工艺管网设计、日常生产运行、节能技术应用等管理，做到落实任务清单化、措施具体化、效果有形化。

1.4 科学核算、综合各项成本支出

建立"四线五区"边际分析模型,优化油气井运行管理和措施实施,实现提质增效。

2 具体做法

2.1 健全提质增效管理制度和体系,理顺管理流程

按照"整体规划、归口管理、各负其责、激励有效"的原则,建立健全规范的提质增效管理组织、制度、考核、运行体系,明确采油站、各岗位的职责,理顺管理流程,激发潜力,提升整体管理效能。

2.1.1 健全组织体系,完善管理制度

在生产过程中针对考核内容、考核对象采取不同维度的指标量化,成立以站长、书记为组长,副站长为副组长,计量员、巡井工为成员的提质增效管理小组,明确各自的提质增效职责,健全站、岗位"二级"管理网络,强化"全员"责任,对提质增效工作统一领导、整体规划、全要素管理,在横向上有机衔接,在纵向上一插到底。组织人员完善《18号站提质增效管理方案》《18号站提质增效激励考核细则》等制度,理顺各个岗位、各环节的管理流程,引导全员增强"挣工资"意识、"主人翁"意识、"双发展"意识和改革意识,调动员工担当作为、建功立业的积极性、主动性和创造性,做到有专人"抓"、有措施"行",形成管理执行有力、措施落实到位的立体管理组织体系,营造"严抓、严管、严控"的浓郁氛围。

2.1.2 科学制定指标和考核体系

按照"增储上产、降本增效"工程提升方案的实施计划,根据节能节水考核指标,结合生产实际确定优化老井管理提水平、水电综合治理降单耗等提质增效项目工程,细化、量化项目指标和岗位指标,建立激励约束机制和指标分解、统计、分析管理体系,要求既要考核结果、又要考核过程。突出精细管理常态化,从一滴水、一张纸、一度电入手,引导大家精打细算过日子,全力做好节约、降耗、减损、利旧工作,将提质增效项目指标层层分解到岗位个人;根据设备台数、老化程度、能效情况及上年度用气节气、用电节电完成情况,科学预算、定量分析,将节能指标层层分解到站、设备、岗位,建立加热炉、抽油机、注水泵定额管理制度,强化挖潜增气、节电节气等指标定期考核,建立节能技术革新、小发明、小创造等"金点子"奖励制度,采取"一级抓一级、层层抓落实"的方式,建立"经营压力层层传递、提质增效人人有责"的绩效考核体系,努力调动广大员工的积极性,形成"人人身上有压力、人人肩上有指标"的格局。

2.2 充分发动全员参与,增强提质增效意识

2.2.1 宣传教育导向,增强意识

组织员工参加形势任务教育学习,开展"面对低油价,我们怎么办""不忘初心、牢记使命"等大讨论,让员工感受到经营形势的严峻,体会到效益大幅下降带来的困难,意识到节能降耗、提质增效的重要性和紧迫感;注重总结、挖掘典型经验和创新做法,努力增强员工自我增效意识。

充分利用"群众性经济效益分析""班组成本分析""节能宣传周"等活动,依托"共产党员先锋工程""党员积分制管理"等有效载体,加大宣传,以点带面,积极引导各岗位发挥主观能动性,从细处入手、从点滴做起,进行头脑风暴、献计献策,立足岗位降本增效,努力将成本

控制、节约挖潜变成员工日常工作的习惯。

2.2.2 典型案例示范，引领方向

组织"弘扬石油精神，传承奉献、创新创效"先进典型案例巡讲，讲好讲活新时期全国劳动模范赵奇峰大师在提质增效中的典型故事，开展理念实践，从讲发展形势、学降本案例入手，引导员工培养"节约就是降本增效、节约就是创造价值"的意识和习惯。建立"降本增效典型案例库"，通过大张旗鼓地宣传、展示和表彰，形成示范带动效应，真正让降本增效入脑入心，见行见效，有效调动员工节约挖潜、创新创效的积极性。18号站降本增效五大机制见图1。

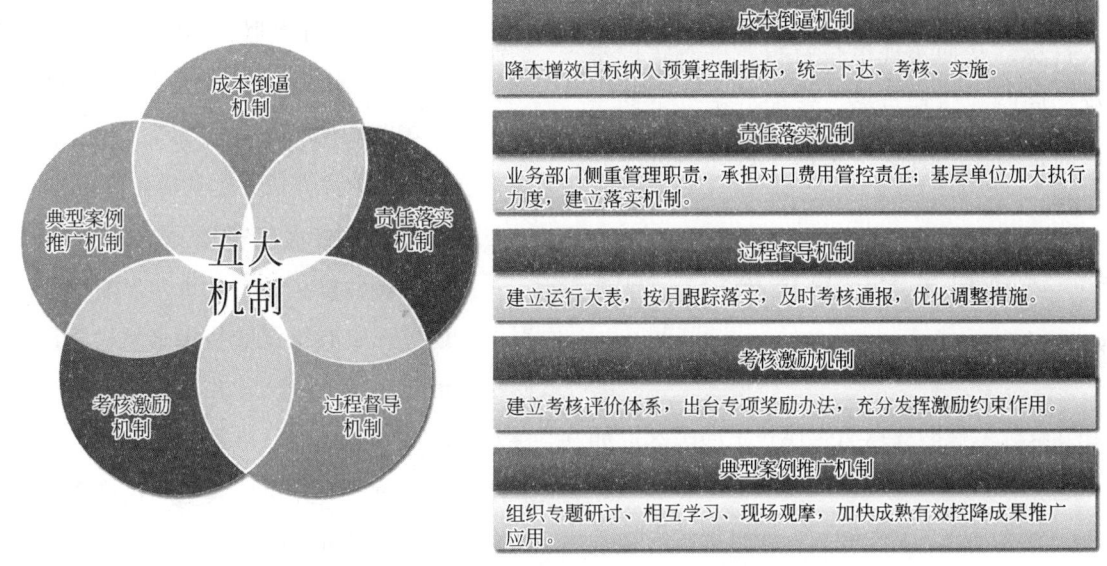

图1　18号站降本增效五大机制示意图

2.2.3 利用竞赛平台，营造氛围

以采油作业区提质增效工程为依托，利用采油厂"增储稳产降成本、安全优质提效益"、采油厂"天然气增产节约"等劳动竞赛平台，结合生产实际制定活动方案，广泛动员，成立项目组织管理机构，随时检查指导、阶段考核、定期总结，营造浓郁的自觉、自主竞赛氛围，扎实、深入、细致地开展各项挖潜节约工作。

3　运用目标管理法确定提质增效目标，推行对标管理

3.1　现场调查，确定目标

根据生产实际情况，确定3个提质增效专项项目的目标，并将指标分解到干部、岗位个人；同时对全站机采、电力、加热炉、集输等主要耗能系统的生产状况进行摸底调研和能耗测试，结合前几年的变化趋势科学预测和分析，确定节能降耗总目标（年节电 1.2×10^4 kW·h、节气 1.1×10^4 m³）。本着可控制、可操作的原则，层层分解，将目标分项目分解成油井冷输、控温、间歇送电、油井间抽等若干小目标，分系统分解到岗位和个人，使总目标、分项目标、个人目标左右相连、上下一贯、彼此制约，融会成目标结构体系，形成一个目标连锁。

3.2　制定目标的实施计划

将节能降耗措施分成管理措施和技术措施，列出提质增效专项项目运行计划大表，制定各分项目标的具体实施计划和保障措施，做到有具

体措施、有项目负责人、有时间控制、有量化指标、有统计核实。

3.3 推行对标管理

按照目标管理法要求实施对标管理，将目标细化、数字化到具体的考核项，使上下各岗位人员明确认识到自己是既定目标下的成员，诱导员工为实现目标积极行动，努力实现自己制定的个人目标，从而实现单位目标，进而实现整体目标。同时，定期总结、定期分析、定期考核，让岗位员工和管理人员清楚目标的进度和改进方向。

4 优化日常生产管理运行，构建监督运行和保障体系

运用系统工程的观点从整体和全局出发，加强统筹规划，从生产、设备、工艺等各系统和环节入手，积极围绕"节能降耗、提质增效"这个中心，与作业区相关部门协调配合，积极开展能耗测试与分析、节能技术措施实施、能耗设备准入、生产协调运行等工作，对重点耗能设备（外输炉、输油泵、注水泵、抽油机）要求有能耗监测计划、有实施、有分析、有改进措施、有复测，形成PDCA循环管理模式。

在日常生产运行中，强调一切从实际出发，注重源头控制。一方面合理设备匹配选型，优化工艺流程及管网设计，更换淘汰落后能耗设备，尽量避免"大马拉小车"；另一方面强化直线责任和属地职责，做到管理与技术相结合、节约与挖潜相结合，加大日常监督、检查和指导力度，确保设备维修及时、日常管理到位，进一步完善监督监察机制，构建比较完善的监督运行和保障体系。

5 改造优化井站工艺，实施本质降耗

5.1 优化井站集油工艺

通过串接集油改造12口油井的工艺流程，将原三级布站优化为平台集油、平台计量、平台串接进系统的二级布站方式，每个平台使用1台加热炉、1台单井计量器、1组计量阀组、1条管线进站生产，停用停运了10台井口加热炉、1座计量间，年节约燃气 $2.8\times10^4m^3$，优化用工3人，减少了设备维护保养费、电费等生产成本。

5.2 优化掺水工艺管网

掺入水硫含量、机械杂质、含油均达标的情况下，通过在中心位置安装掺水泵、建设2通道阀组、铺设2条干线至各井，优化干线工艺组成掺水管网；实现掺油、掺水工艺互换，降低掺油及洗井工作量，对井口环套空间实施掺水解决油井高温汽窜、结晶问题，减少高含水掺油井8口，节约掺油量10~15t/d，减少外委热洗100井次/年，节约成本约30万元/年。

6 坚持管理和技术措施并举，强化过程控制及现场落实

抽油机、注水、加热炉、集输、电力等主要耗能系统是油田节能工作的主要因素，必须通过调查摸底、能耗监测和潜力分析，找出挖潜突破点，坚持管理和技术措施并举，强化过程控制和现场落实。

6.1 抽油机系统

抽油机系统是包括技术装备、油井参数、日常管理水平等因素的一个有机整体，涉及管理与技术、地面与井下的复杂系统，必须以提高系统效率为目标实现降低能耗。运用系统工程的方法

对影响系统效率的设备及管理状况、油井参数、工作制度、机杆泵组合等因素进行测试、诊断、分析，利用因果图找出影响抽油机系统效率的主要原因：一是管杆偏磨、泵漏、气体影响和供液不足造成井下效率低；二是抽油机工作参数不合理、不平衡造成地面设备效率低；三是地层能量低、油井产量低导致电能利用率低，造成电动机运行效率低。

根据分析出的原因，研究优化措施，进行效果分析与预测，发现抽油井节能的最大潜力点在井下，主要是通过泵挂、冲次、泵径等参数的调整来实现供排关系协调。因此，在保证油井产量不降的前提下，对抽油机系统进行多参数整体优化（图2），一方面强调地面管理，另一方面优化油井工作参数，并采取有效控制和管理。

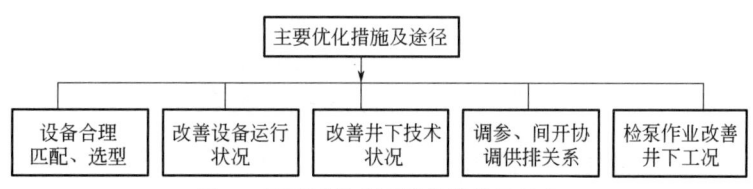

图 2　机采系统主要优化措施及途径

（1）优化匹配地面抽油设备：优选运行状况好的抽油机和节能电动机，改善设备运行状况；根据泵挂、井斜、管杆等因素确定负荷，合理进行抽油机、电动机选型；合理匹配地面抽油及辅助设备；制定并落实调平衡计划；应用光杆对中器、皮带自动张紧装置等技术措施。

（2）优化井下技术状况：通过热洗、加药等方式降黏清防蜡，应用防偏磨技术，调防冲距、控套生产等措施减少气体影响，采取检泵、热洗、憋泵、碰泵等措施改善泵、管、杆技术状况。

（3）优化油井工作参数：通过工况分析，运用ABC管理法对有潜力调参井进行分类治理。

A类：调大抽油参数，主要对供液能力足的提液井进行小泵换大泵、调高冲次（抽油机悬点载荷、输入功率增大，当有效功率增大幅度超过输入功率增大幅度时，系统效率相应提高）。

B类：调小抽油参数，主要对供液差、低泵效井进行大泵换小泵、降冲次、调小冲程（增大泵的充满系数，降低排液速度，输入功率变小）。

C类：对地层供液足、沉没度偏大的油井通过检泵作业上提泵挂。

D类：对低产低液、地面参数小且不易调参的抽油井实施间开生产，根据液面恢复情况摸索合理间开制度。

全年共实施各类措施23口井、32井次，其中新增间开13口，调整间开制度8井次，降冲次3井次，调高冲次8井次。

6.2　注水系统

导致注水系统效率低的因素有注水泵效率低、电动机容量大、井网压力不平衡、管线腐蚀结垢、回流损失、地层压力高等，利用因果图对影响因素进行测试分析，找出要因并分别制定改进措施（图3）。

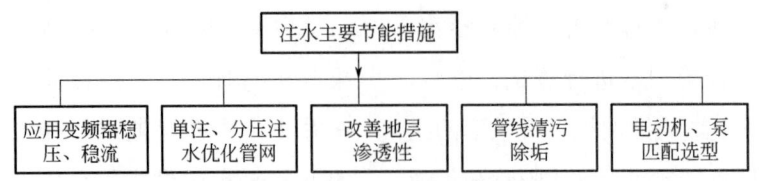

图 3　注水系统主要节能措施

目前，全站注水主要分为常压和增压注水，增压注水均采取分压注水、单井单注，并使用变频稳压稳流，注水管网基本没有调整余地，主要潜力点为：

（1）改善地层渗透性。对个别注水压力较高的井采取酸化、防膨、解堵等措施进行地层改造，降低注水压力。

（2）管线清污除垢。定期对注水管线特别是污水回注、A级水管线清洗除垢，减少管线摩阻，降低管网损失。

（3）电动机、泵匹配选型。根据注水量、压力等要求合理选型、匹配电动机，同时根据注水量调整、测试结果等情况及时更换小功率电动机2台次（90kW更换成75kW）、增注泵减节减级（3节减为2节）、停泵直注等4井次，均取得明显节能效果。

6.3　集输及加热炉系统

集输及加热炉系统主要包括输油泵、加热炉、输油管线、供气管线等，由于投产时间延长、产量递减等因素，主要存在输油泵低排量运行、加热炉热效率低、管网效率下降等问题。通过对输油泵效、加热炉效率、管效进行测试和分析，找出最经济、潜力最大的管理和技术改进措施。

（1）智能调频输油。全站3台在用输油泵均使用变频器，安装自动液位监控装置，实行智能调频输油。

（2）实施冷输、控温输油。开展加热炉停炉冷输试验，对双25口井及外输实施夏季冷输，对部分井全年冷输；通过控温管理，实施水套炉小火温油22口，减少温油用气。

（3）应用新型节能设备和节能技术。应用管线智能清污清蜡器、节能火嘴、真空相变加热炉等措施减少用气，使加热炉平均热效率提高了10.3%。

（4）回收利用进罐井伴生气。对有伴生气的34口进罐井安装分气包，连工艺进加热炉供气系统，既利于环境保护又减少了天然气的浪费。

（5）强化管理节气。加强天然气输供气系统管理，强化冬季气系统加药、放空管理，严禁出现输供气管线冻堵事故和放空"无人管"等浪费现象；加大周边盗气治理力度；加强采暖温度控制和生活用气管理。

6.4　电力系统

电力系统主要分为采油生产用电和生活用电。在机采、注水、集输节电措施基础上，开展用电调查和分析，强化各种管理技术节电措施。

（1）调整用电制度和结构，通过分析和摸索，用洗井、加药等清防蜡方式替代电热杆、油管加热3口井，对观17、07-04井实施间歇送电；停用采暖用液流发生器和部分墙暖。

（2）变压器减容，与水电单位沟通配合对变压器减容，减少无效损耗。

（3）强化管理节电，引导员工合理使用空调、照明、墙暖等用电设备，杜绝长明灯、人走不关电脑等浪费现象；加大周边盗电治理力度。

（4）创新科技节约成本，在用电负荷、生产时间不变的情况下，要节省电费，从电度单价上入手：峰、谷、平三个时间段电价各不相同，尤其是峰、谷差价达到 0.6013 元 /kW·h，相当于谷时运行 3h 产生的电费与峰时运行 1h 一样。通过微电脑三回路时控开关，自动按照峰、平、谷时间段分别进行控制，根据油井生产实际情况，按峰、平、谷时段，分别切入不同阻值的电位器，控制变频器频率，改变电动机转速，在用电负荷不变的情况下，改变峰、平、谷运行冲次，达到节省电费的目的。

7 建立"四线五区"边际分析模型，优化油井措施运行

通过成本核算，划出运行成本、操作成本、生产成本、总成本 4 条成本线，与纯油价对比，将开采区块、单井等评价对象划为 5 个经济效益区，建立"四线五区"经济效益评价运行图（图4）。应用边际分析理念，构建措施项目"边际分析模型"，依据"边际有效"实施措施，努力化解措施增产与措施投入的矛盾，切实提高措施项目经济效益。

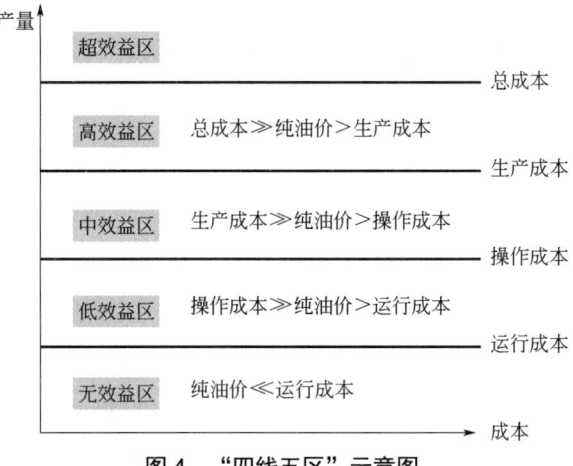

图 4 "四线五区"示意图

"四线"，即运行成本是油气开采过程中从自喷、生产、维护、作业到再注入所需要的最基本成本；操作成本是运行成本加上人工成本、专项成本；生产成本是操作成本加上设备折旧折耗；总成本是生产成本加上期间费用、固定税费、勘探费用、资产报废等固定成本。"五区"，即运行成本高于纯油价的处于运行无效益区；运行成本低于纯油价，但操作成本高于纯油价的处于低效益四类区；操作成本低于纯油价，但生产成本高于纯油价的处于中效益三类区；生产成本低于纯油价，但总成本高于纯油价的处于高效益二类区；总成本低于纯油价的处于超效益一类区。"边际有效"即对应效益区的措施有效期内的"增油收入"大于"措施作业成本"。

针对不同效益区生产对象，采取分级管理、分类施策，指导效益生产、措施实施。对于运行无效益区，实施综合治理，优化生产运行，降低运行成本，突出运行增效；对于低效益四类区，优化油井措施，优选生产方案，控制增量成本，突出技术增效；对于中效益三类区，加大注水、注气培植，优化投资决策，挖潜固定成本，突出管理增效；对于高效益二类区和超效益一类区，加强注水、注气扶植，优化产量结构，优选技术方案，突出全方位增效。

同时，运用"边际分析模型"开展措施项目的投入产出经济效益分析，优选措施项目。由地质工艺部门提出措施方案，工程技术部门审核措施有效期，开发生产部门审核累计增油量和递减率，财务部门审核经济效益，建立单井措施联动决策管理流程（图5）。

组织地质、生产、财务等部门，按照不同油藏类型和措施类型构建增油量和产量递减模型，根据措施目的的不同，对稳产、增产措施实施分类

评价，并将措施有效率由技术有效率向经济有效率转变，将措施评价期拉长至整个措施有效期内，按照单井措施效益和投入产出比的高低列表进行优选。

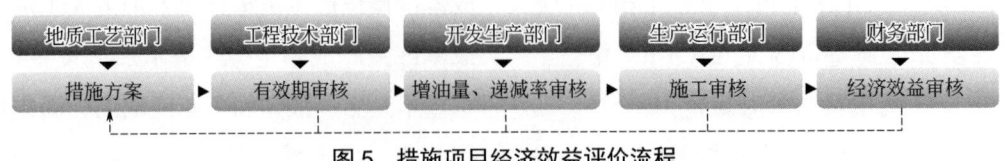

图 5　措施项目经济效益评价流程

8　推进利旧降本措施，开展群众性挖潜

通过"群众性经济效益分析""班组成本分析"等活动平台，围绕"控成本、提效益"开展群众性技术创新活动，引导员工牢固树立"一切成本皆可降"的思想，念好"算、创、节、奖、抠、修、换、收"八字经，积极鼓励员工修旧利废、小改小革、节能减排，丰富群众性节约挖潜活动内容，积极开源节流，大力推进利旧降本措施，努力降本增效。

8.1　加强修旧利废工作，提高设备利用率

党政工团齐抓共管，利用宣传媒介、劳动竞赛等载体充分发动全员参与，通过建立修旧利废小阵地，倡导"节一点、挖一点、省一点、修一点"的"四个一"管理，让员工在日常工作中算成本账，精打细算、杜绝浪费，督促员工回收、修理、再利用边角余料、旧工具、旧配件，开展创新创效小活动。同时，引导基层与物资装备科、机修厂沟通配合，组织水套炉、电动机、泵、高架罐、变频柜等废旧损坏设备修复和抽油机配套再利用工作，积极盘活停用设备资源，有效提高设备利用率。

8.2　优化地面工艺流程，全面开展关、停、并、转、减，降低成本支出

借助经济评价，以单井效益为切入点，通过分析、跟踪和摸索，积极开展关、停、并、转、减工作。

关：根据经济评价结果，停关 6 口负效井。

停：开展能耗设备调查和分析，停用高耗低效、国家明令淘汰设备，合理匹配设备选型，避免"大马拉小车"；对观 17、07-04 井及外输实施夏季冷输，对部分井全年冷输；停用采暖用液流发生器和部分墙暖；停用停运 10 台井口加热炉、1 座计量间。

并：开展井站管理剖析，合理调配人员对同井场、邻近井场的油井改造工艺，对 12 口油井的工艺流程进行优化改造合并串接进站。

转：用洗井、加药等清防蜡方式替代电热杆、油管加热 11 口井；利用 ABC 分类管理法优化抽油井工作参数，对供液差井根据生产动态及时实施间开、降冲次、大泵换小泵，实施各类转工作参数措施 12 井次。

减：通过措施前精细论证与评价，否决了 6 口低效负效工作井，同时强化作业质量监督，有效减少作业费；通过控温管理，应用管线智能清污清蜡器、节能火嘴等新技术，有效减少用气量；组织调平衡 26 井次，对变压器减容，加强空调和采暖运行管理，有效减少用电量；按照"安全有效优先、成本最低、操作可行"的原则，以理顺管理职能、优化工作流程为突破口，提高清防蜡管理运行效率，动态、合理调整清防蜡方

式和周期，实施清防蜡精细管理，减少清防蜡费用；对"大马拉小车"设备、站点进行减级、减量、减少无效运行，简化工艺流程、生产站点降低能耗。

9 实施效果

9.1 业绩指标顺利完成，员工收入得以保障

产量、成本等生产经营考核指标，节能节水、检泵周期、泵效、躺井率、吨液耗电等采油技术指标，提质增效任务指标均圆满完成，顺利拿到了业绩奖金兑现，员工生产积极性和工作效率大幅提高。

9.2 资源潜力充分挖掘，能耗水平进一步降低

通过优化生产运行参数，回收利用伴生气，加大用电用气日常管理力度，充分挖掘了资源潜力，确保了冬季正常生产生活用气，有效缓解了采油厂用气紧张程度。

通过强化管理，加大技术节电力度，吨液、吨油耗电等单耗指标明显降低，平均机采系统效率、注水系统效率分别上升2.3%和2.0%，有效完成了采油厂控制目标。

9.3 降本增效效果显著

（1）实施一系列技术和管理措施，累计节气$4.8\times10^4 m^3$、节电$1.2\times10^4 kW\cdot h$，成本投入（含工艺改造，管线、变频柜等设备折旧）5.8万元，产生效益1.99万元。

（2）对比2022年，清防蜡费用减少2.7万元，作业费减少7万元，材料费减少2.4万元，设备维修费减少1.7万元，共节省13.8万元。

（3）总经济效益15.79万元。

9.4 精细化管理水平得到提升，高质量发展意识进一步增强

9.4.1 群众性经济效益分析、节能降本活动得到深入开展

提高了员工的节约挖潜积极性，干部员工的精细管理自主意识明显提升，有效缓解了当前经营压力。

9.4.2 健全了绩效考核检查机制

优化了油井工作参数和日常生产管理运行，对标管理得到有效推进，精细化管理水平进一步提高，推动了基层基础建设水平持续上升。

9.4.3 高质量发展战略在基层充分落地

全员危机意识、责任意识、质量发展意识进一步增强。

9.5 培养了一支管理人才队伍

通过基于系统工程理论的企业提质增效管理实践的创新研究和推广应用，在规划计划、生产运行、绩效考核、员工管理等多个领域，培养造就了一支具有生产经营视野、实践经验丰富、创新能力突出的多层次班组管理人才队伍。

（作者：陈树勇，辽河油田欢喜岭采油厂，采油工，首席技师；赵奇峰，辽河油田欢喜岭采油厂，采油工，首席技师；鲜林祥，辽河油田欢喜岭采油厂，采油工，首席技师；张宇，辽河油田欢喜岭采油厂，采油工，主任技师；郭旭媛，辽河油田欢喜岭采油厂，采油工，主任技师）

"5·5"培训法在采油作业中的探索与应用

◆朱海玲 李莎 杨梅 蒋长东 贾朝晖

1 加强员工培训的重要意义

1.1 抓实操作员工培训工作，是实现企业安全生产的关键因素

安全生产是企业发展的前提，是企业可持续发展的基础。由于石油开采工艺链长面广，自然地理条件和作业环境复杂，安全隐患多且分散，生产过程中存在的易燃易爆、腐蚀性及设备、操作隐患风险高于一般行业。让员工熟练地掌握基本操作技能、防护技能、消防技能和安全急救技能尤为关键。加强员工培训，不仅是一线员工的安全需要，也是油田稳定发展的现实需求。

1.2 灵活、新颖的培训方法，是促进培训效果提升的有效手段

培训方法是员工队伍素质建设的关键环节和基础。长庆油田第七采油厂某采油作业区（以下简称"该区"）总结提炼了"五个一"培训方法，但原有培训方式没能改变员工参培积极性不高、培训覆盖率低、职业技能等级认定通过率低的现状，最终形成了"培训技师满山跑、投入多但效果小"的局面。因此，该区需要改进或创新培训方法，提升培训效果。

1.3 创新培训组织模式，是降低管理成本尤其是人工成本的必然选择

该区曾经的"五个一"培训法，对培训内容、培训课时、培训频次等方面进行了优化改进，但培训过程中日益凸显出程序复杂、人力浪费、效率低下的弊端，很难从根本上解决矿区范围大、井站距离远、讲师缺口多的难题。

2 以前培训方式存在的不足

2.1 "工学矛盾"突出，培训组织难度大

（1）时间矛盾：大班和小班员工上班忙于生产，下班后注重休息，没有精力参加培训；轮休员工受地域影响，不能到岗参加培训；兼职培训师均为技术员、生产骨干及班站长，工作任务重，生产压力大，无暇兼顾培训相关工作。

（2）地点矛盾：由于生产区域广泛，员工集中培训难度大，更有部分偏远单井需单独培训，

耗时耗力，效率较低。

（3）人员矛盾：一方面是员工文化水平参差不齐，工龄、年龄差别较大，对技能知识的需求和消化程度不同；另一方面是兼职培训师自身知识水平、技能水平等有限，不能满足目前培训需求。

2.2 培训内容单一，多样需求要求高

在新型采油作业区"大调度模式"劳动组织框架下，员工角色已从单一的采油工转变为复合型工人，技能素质要求较高，培训需求较为繁杂，培训工作常常顾此失彼。如何将繁杂的培训需求进行整合、明确培训的目标和标准、将有限的培训资源整合利用、发挥最大效力，是该区亟待解决的问题。

2.3 师资难满足需要，培训队伍不稳定

该区的培训师资力量主要以培训管理岗和各应急班主管培训副班长为主。培训管理岗属于培训工作统管人员，培训水平较高，但办公室日常工作繁重，消耗较多精力，一人无法兼顾该区400人的培训工作。培训副班长属于应急班管理人员，是技术精湛、工作经验丰富的基层骨干员工，更了解本班员工实际状况，也更熟悉本班真实工作环境，能使受训员工更易掌握所学培训内容，但依然有繁重的日常工作任务需完成。尤其是在劳动竞赛夺油上产阶段，一线人手紧缺，这些培训干部无法兼顾培训工作，所以该区缺少一支专门负责培训工作的内部讲师队伍。

2.4 激励措施缺乏，员工内动力不足

培训缺少相匹配的激励措施，员工参与培训积极性不高。参加如压力容器等法律或行业强制要求培训的项目，员工虽能满足出勤率，但课堂状态及参训过程多有疲于应付的现象存在，认为培训只是企业为了应付上级部门下达的培训任务、只是石油行业为满足专业岗位规范进行的表面要求，"学好学坏一个样、学多学少一个样、学与不学一个样"的思想在基层员工中普遍存在，受训员工不积极、不配合、培训进展不顺利，员工与组织单位都存在互相埋怨、抵触的问题发生，导致学习受训效果和培训付出不成正比。

3 "5·5"培训法的内涵

"5·5"培训法是指"五种具体做法和五种培训方式"。"五种具体做法"，即梳理体系，培训分层管理；按需施教，计划逐层定制；夯实基础，完善管理体系；以点带面，落实两项工作；以考促学，搭建五个平台。"五种培训方式"，即"会议变课堂、现场变考场、传统变新式、自学变互学、徒弟变讲师"。

通过五种具体做法，搭建培训分层管理责任制，逐层制定培训计划，形成"一人一档案、一岗一教材、一站一课堂"的基础培训数据库，强化培训执行力和针对性；以师徒传帮带、技术技能骨干经验分享的方式，充分发挥优秀技术技能人员引领作用；搭建五种以技能考试、评优等为目的的培训平台，强化员工参与培训的内在动力。

通过五种培训方式，优化拓展培训组织形式，有效利用现代互联网平台以及月度会、班前会、现场检查等工作程序，降低生产单位培训组织的难度，提高培训的覆盖率和成效。

4 "5·5"培训法的主要做法

建立新型培训组织模式是实现精细化管理的基础和中心环节，如何科学地搭建课堂是推行精细化管理的首要任务。为建立一种新的培训模式

以解决原有培训中存在的各种问题，该区结合近年来的培训经验，听取基层员工集中反映的培训管理方面的建议和意见，总结出"5·5"培训法，于2020年8月启动，9月开始着手方案实施，随后在该区铺开运行。

4.1 通过五种具体做法，搭建分层培训管理体系及考核激励机制

4.1.1 梳理体系，培训分层管理

为解决原来培训专业分工不明导致的"单兵作战"、缺乏协作等问题，按照"管业务必须管业务培训"的操作原则对该区进行整合，将该区各组室的业务人员并入培训单元内，打破岗位业务界限，科学组建体系。

以该区六大专业岗位为纵向培训管理单元，以区、运维班、站点三层为横向培训管理单元，形成该区培训分层管理责任制。

（1）综合管理岗：负责管理人员管理素质提升，全面推进以能力提升、知识更新、文化传承和作风养成为主线的经营管理人员理想信念、党性修养、德才素质和履职能力提升培训，并负责厂部有关制度及政策的宣贯教育培训。

（2）员工培训岗：负责操作人员岗位技能提升，开展新入厂员工、转岗员工的教育培训；对操作骨干进行岗位技能提升与技术拓展相结合的提升培训；组织操作人员技能等级认定培训和"精一会二懂三"能力提升培训；负责该区员工培训管理工作。

（3）生产运行岗：负责岗位员工设备管理、设备操作及维护基本技能培训；负责电力及应急管理、应急预案演练等培训。

（4）生产技术岗：负责技术人员技术素质提升；组织油田开发、采油工艺及引进的新技术、新工艺等技术培训；进行技术创新、科技应用和科技攻关能力攀跃培训。

（5）数字化运维岗：负责岗位员工数字化设备应用、管理维护技术培训；SCADA系统的运行操作和技术培训。

（6）安全环保岗：负责全员安全生产教育培训；抓好HSE培训、安全上岗取证考核培训、特种作业人员上岗证审查、特殊工种取（复）证管理，确保关键岗位人员有效持证率达到100%。

（7）区、运维班、各站点：参与各专业岗位组织的培训；负责制定本层级培训计划，并负责实施。

4.1.2 按需施教，责任逐级落实

以分层培训管理体系为基础，使用PDCA循环管理工具实施于培训的前、中、后期，科学合理分配培训工作，具体实施如下。

4.1.2.1 在计划的制定上

以该区业务组室培训人员为纵向专业培训主体，各层级收集培训需求，提交该区业务组室培训人员，制定本专业月度、季度培训计划。将原应急班培训主管所属的业务培训上提至该区组室业务培训人员，这样作业区机关向运维班输送相关业务知识的渠道被打通，运维班为完成机关培训任务而工作的干扰大大减少，减轻了该区培训管理岗一人多培、管培不均的现状。

以区、运维班、各站点为横向层级培训主体，结合本层级培训需求，制定本层月度、季度培训计划。打破原有两级培训格局，改为三级分层，并将原培训管理岗所属的技能培训业务下放至应急班培训兼职教师，既消除了原有层级划分上的不合理，又避免了不同层级培训人员的业务水平存在差异而导致的培训效果差异，降低了培训管理难度，增大了培训业务覆盖面。

4.1.2.2 在计划的执行上

培训管理岗汇总收集各层级、各专业培训计划，形成该区年度培训计划。通过培训月度会汇报至该区各级领导干部、业务组室、应急班管理人员及员工代表，广泛听取意见及建议，修改至审核通过。将签发后的培训计划分发至各业务培训人员，针对本岗位特点及要求制作相应培训课件及教案。

培训计划按三层级责任划分进一步执行。培训管理岗统管该区培训工作，并重点负责培训指导业务培训人员和运维班主管；运维班主管负责全班培训，并重点负责各站长的培训工作；站长负责全站培训工作。建立该区员工培训档案登记和员工培训跟踪表，监控每位员工培训时间、内容、频次、效果。排查出参培频次低、参培课时不达标的人员，进行有针对性的再培训。

4.1.2.3 在效果的评估上

每日培训由培训技师、兼职教师及业务培训人员以口头提问或笔答形式检验培训效果、纠正不规范操作动作、督促效果不佳的人员进行再培训，使大部分岗位员工懂原理、会操作、能应急，提高岗位履职能力。

每旬召开一次旬度会，会上各班站负责人、兼职教师、培训技师汇报分析10天培训内容、培训人数、培训效果、存在问题、下步培训计划，由培训岗核实培训项目、内容是否与月度计划一致，主管副经理逐一点评，指出优点和不足，使大家相互学习共同提高。

每月由培训管理岗对各专业、各层级跟踪培训进度、检查覆盖率，进行过程跟踪，不定期抽查整体培训效果。月底定期召开一次员工培训月度会，由主管培训副经理主持，该区经理、书记、运维班长（书记）、主管培训副班长、在聘技师、兼职教师参会，会上通报本月各运维班站培训开展情况和存在的问题，各班现场确认；各运维班站、培训技师、兼职教师汇报本月主要工作和下步计划；主管副经理对各项汇报情况，分析优点和不足并做相关要求；对以上情况现场展开讨论交流；经理对当月培训工作进行总结，统一安排部署。

通过日督促、旬分析、月总结逐步完善培训效果评估。

4.1.2.4 在结果的考核上

实施"5·5"培训法后，岗位员工的培训任务量增加了，工作标准抬高了，如何进一步调动员工积极性就显得尤为重要。为此，该区依据"两册管理"，本着"量化考核、简化管理、权责统一"的原则，制定了《培训管理规定》。将各项操作内容、步骤、标准、风险源提示、考核指标都融入其中，形成了奖罚分明的"四结合"激励机制。每月组织业务考试（考核）一次，由培训主管部门不定期对各部门落实情况展开抽查，各专业培训计划的落实情况、培训效果，按照《区季度联检奖惩考核办法》，纳入区季度联检项目，并对不按要求落实的部门进行考核，再依据考核结果分配奖金。

4.1.3 夯实基础，完善培训数据库

以纵向专业形成的培训计划为基础，以各岗位"应知应会"和操作手册为依据，建立相应岗位培训材料基础数据库，实现"一岗一教材"。

以横向层级形成的培训计划和各岗位培训材料为基础，建立相应层级培训材料基础数据库，建立起以井站为小课堂、班组会为"一站一课堂"，搭建"学技能，强素质"培训平台。

为每位员工建立个人档案，包括个人基本信息、职业资格等级信息、员工参培信息、考核评

估结果以及考核奖惩信息。通过完善该区培训数据库，实现"一人一档案"，做到全流程追踪个人培训效果，使得后期培训工作能够找对方向、对症下药。

4.1.4 以点带面，落实两项工作

4.1.4.1 落实师徒结对"四包两奖"传帮带工作

由年长员工对年轻员工进行"传帮带"，是石油企业多年来现场培训员工行之有效的办法。该区沿袭了"以老帮新"这一方法。新人分配到班组后，按照工种和学徒期的长短，指派经验丰富的师傅"传帮带"，订立师徒包教包学合同，包思想教育、包技能理论教育、包操作技能训练、包安全生产，日常做到勤讲解、勤示范、勤检查。运维班每月评议一次教学效果，合同期满后由该区培训管理岗进行整体验收考核。不合格的要补学、补考，再不合格的要调离技能工种岗位。同时，该区还将师徒结对延展出了"新帮老"，年轻员工接受新鲜事物快，对新信息、新技术、新方法掌握速度快，在使用石油系统众多手机APP或者操作电脑软件时与师傅交流沟通，共同进步。为鼓励师傅带好徒弟，对完成培训计划好的师傅给予精神奖励和必要的物质奖励；为鼓励徒弟跟好师傅，也需要在精神层次上给予肯定，形成一种尊师爱徒的良好氛围。

4.1.4.2 落实优秀员工经验交流工作

在油田公司及以上技能竞赛中获奖的优秀选手、优秀班站（站、组室）长等生产骨干、兼职教师、在聘技师，不定期通过员工培训月度会交流经验、分享工作中实践案例和培训方式方法，发挥示范引领作用，营造"比、学、赶、帮、超"的氛围。

4.1.5 以考促学，搭建五个平台

为保证培训管理中"教、学、考、鉴、用、赛"的紧密衔接，该区有针对性地再造了完整的培训管理流程。搭建了员工基础培训、职业资格等级鉴定、培训技师选聘、兼职教师择优选用、职业技能竞赛五个平台，并梳理了各平台的前后晋级方式。各平台相辅相成，相互衔接，改进了过去各单项工作单独开展、未成体系的情况，保证了各层级人才有学习和展示的平台，有效培养了一批成长型技能、技术性人才，打通了人才输送渠道，形成了全链条培训管理模式。

4.1.5.1 员工基础培训

通过加大激励机制与个人绩效挂钩力度，为优秀员工提供"提高收入平台"，调动了一线操作员工学知识、练技能的主动性，使员工意识到"学与不学、会与不会，收入不同"，切实做到由"被动学习"向"主动学习"的转变。

4.1.5.2 职业资格等级鉴定

鼓励技能操作员工跨工种取得职业资格等级证书，组织开展理论题库日练习、周测试，下发操作视频、鉴定题库，深入井站对鉴定项目操作一对一讲解、现场操作演示，通过视频观看、网上在线答题等方式，为参加职业技能鉴定员工提供"专项培训平台"，提高人员参训动力和技能鉴定的通过率，切实做到"换岗能上岗，上岗能胜任"。

4.1.5.3 技师选聘

推荐具备丰富生产实践经验、能解决关键性操作技术和生产中工艺问题的技师。加强技师聘任使用与管理，发挥骨干带头作用。调动技师和技术能手的积极性，进行技改革新，解决生产工作中的实际问题。

4.1.5.4　兼职教师择优选用

为了加强师资队伍建设，将具有良好素养、恪守职业道德、自愿从事培训工作的人员择优选用至兼职教师培训岗，从事各运维班站的员工培训工作。同时，为调动兼职教师的积极性，增强培训工作的时效性，补充兼职教师激励政策以完善整体培训工作。

4.1.5.5　职业技能竞赛

将技能竞赛作为岗位练兵及选拔优秀技能人才的重要平台，树立标杆和典型激发岗位员工成才热情。该区通过层层选拔，以赛促练，以赛促学，赛学结合，储备优秀选手，提升选手综合素质。

4.2　创新五种培训方式，打造精细化管理高效运行链条

4.2.1　会议变课堂，提高培训频次

利用视频会、班前会、交接班等时间为员工讲安全知识、事故案例、标准操作及注意事项，由原来会议安排工作，变为教会员工如何安全工作，让员工"现身说法"，既能反省自己又能教育身边的同事，解决了基层井站反复组织学习，员工厌学的问题，有效地把工学融为一体。

4.2.2　现场变考场，增强"学考机动"

以工作绩效、工作成果作为评价团队学习效果的重要依据，把每月培训内容的掌握情况纳入员工的绩效考核。主管培训副班长、兼职教师在现场随时提问岗位员工相关问题，对回答不够准确或者答不上来的问题，现场讲解，并要求抄写在学习笔记上，若下次同样问题继续出错，将会纳入月度考核。

通过现场测试，倒逼员工挤出时间更加深入地学习钻研业务知识，查漏补缺，由以往的固定考场变为井场、泵房、值班室等，由原来的规定时间集中人员考变为随时随地考，更具灵活性、机动性、针对性，进一步加深了对各知识点的学习和巩固，打破以往集中笔答考试模式，以岗位为标准，以考促学、以考促练。日积月累的培训考核，促使干部员工找到自身业务短板，不断提升工作能力和工作水平。

4.2.3　徒弟变讲师，强化培训效果

改变以往"老师教徒弟天经地义，徒弟讲师傅班门弄斧"思维，开展"每人一课"，培训前指定参训人员进行培训内容讲述，其余参训人员开展讨论，最后由培训人员进行针对性讲述以及整体讲解。

改变灌输式培训方式，变为"讲述—讨论—讲解"的方式，有利于加深员工对新知识的理解以及讲师对员工知识缺陷的发现，使培训更有针对性。通过老师与员工之间课前和课上的互动，丰富培训方式，发现问题解决问题，既达到了培训知识的掌握，实践的具体操作，也让培训员工与讲师互问互答成为一体，活跃了培训课堂的气氛。

4.2.4　传统变新式，拓宽学习维度

利用视频远程培训、网上平台在线培训，改变以往理论和实操需在两地开展的情形，克服以往天气、人员分散及路途带来的不便，员工可不受条件和环境的限制，随时随地参与培训。

每次生产例会、旬度会、月度会前通过视频开展 20～30min 的安全经验分享，或根据季节特点、近期相关业务要求进行培训，确保更多的干部员工每月参加 1～3 次专项培训。

4.2.5　自学变互学，营造学习氛围

将课堂由会议室搬到值班室。每日晨会值班干部结合当日站内生产运行情况提出问题，由当班岗位员工回答，以交流互动的方式营造学习氛

围。通过"每日一问",逐步形成岗位员工基本功训练的长效机制,逐步提升岗位员工业务技能。

5 实施"5·5"培训法的效果

5.1 层级培训管理体系基本建立

建立该区层级培训管理体系,明确"两室一中心"业务组室和三级培训管理职责,形成培训管理职能分工表。搭建完成培训基础数据库,涵盖该区、运维班、站点以及各专业培训计划8份,培训材料42份,个人培训档案386份,选拔兼职培训教师6人。

5.2 该区培训覆盖率大幅提升

年均开展培训42次,年均累计培训3840人次。其中事故案例、安全经验分享培训24次,培训人数1680人次;现场应急处置、数字化应用设备故障判断等培训18次,培训人数2160人次。与开展前相比,培训项目、培训内容、培训课程频次、受训人数等方面有一定增长,培训覆盖率由原来的67%上升至85.5%,提升18.5%。培训参与率由46.3%上升至75.8%,月考试合格率由原来66.1%上升至81.2%。

5.3 鉴定培训持证率持续上升

职业技能等级认定前,组织该区37名未持证或岗证不一致员工进行19项认定项目一对一现场示范讲解练习;组织等级晋升96名员工开展理论题库日练习150次,周测试16次。开展后该区员工职业技能等级持证率有所上升,持证率由原来64.%上升至75.6%,提升11.6%。具有"双证"以上的操作人员升至68人。

5.4 师资队伍不断扩大

实施"5·5"培训后,年均新增4名技师,由原来1名专职培训技师发展至18名专兼职培训师,其中2名首席技师、10名技师、6名兼职教师。培训教师人均管理人数由340人降低到了26人。培训技师以车代步上应急班、操作员工以车代步下作业区的时间均缩短了90%,破解了采油区块点多、面广、战线长对培训效果的制约。

5.5 培训效果显著增强

通过不断努力,员工们学技术、练本领,提高工作能力、争当技术能手的主动性得到有效激发。岗位人员顶岗率由86.4%上升至96.7%;应急班储备管理干部由27人上升至37人;技术、员工技能竞赛获奖由1人上升至12人;员工月考试合格率由66.1%上升至81.2%;该区员工自行发明的"井下作业刺洗油安全环保箱"等获得厂级"QC"管理成果。

(作者:朱海玲,长庆油田第七采油厂,采油工,特级技师;李莎,长庆油田第七采油厂,助理工程师;杨梅,长庆油田第一输油处,采油工,首席技师;蒋长东,长庆油田第七采油厂,采油工,技师;贾朝晖,长庆油田第七采油厂,采油工,技师)

"1332"培训管理法在环江作业区的实践

◆ 杨 曦　杨 君　刘利娜　冯周江　安军红

长庆油田环江作业区是大型油气勘探开发企业，一直致力于提高人才培养的质量和效率。在过去的几年中，环江作业区采取了多种措施，如定向培养、交叉培训、实践锻炼等，来提高员工的专业技能和综合素质。然而，这些措施的效果并不理想，存在培训方式单一、培训内容单一、培训效果难以评估等问题。因此，环江作业区制定了"1332"培训管理法，以期增强培训效果和员工综合素质。"1332"培训管理法，即一制度、三平台、三体系、两提升的人才培养方案。

1 "1332"培训管理法的内容

"1332"培训管理法是环江作业区为了提高员工技能和综合素质，制定的一项人才培养方案。具体内容如下：

1.1 制定一个制度

《环江作业区培训管理考核制度》是环江作业区为规范培训管理，增强培训效果，制定的一项制度。该制度主要包括培训计划、培训内容、培训方式、培训考核等方面的内容。

1.2 应用三个平台

1.2.1 中油 E 学培训管理平台

中油 E 学培训管理平台是环江作业区为提高员工在线学习的便捷性和实用性，使用的一项在线学习平台。通过该平台，员工可以随时随地学习各种专业知识和技能。

1.2.2 沉浸式室内模拟技能实训平台

沉浸式室内模拟技能实训平台是环江作业区为了提高员工实践操作技能，开发的一项虚拟现实技术应用平台。该平台模拟了各种工作场景和操作流程，通过虚拟现实技术，员工可以在模拟环境中进行真实的操作练习。

1.2.3 基本技能室外实训平台

基本技能室外实训平台是环江作业区为了提高员工实践操作技能，开发的一项实践操作应用平台。该平台包括现场实训、实践操作和技能竞赛等多种形式的实践操作培训方式。

1.3 建立健全三个体系

1.3.1 建立健全员工技能操作培训矩阵体系

环江作业区为了提高员工专业技能，制定了

一套全区域的操作员工技能操作培训矩阵体系。该体系根据员工岗位和所需技能水平，制定了一套全面的培训计划和评估标准。

1.3.2 建立健全环江作业区应急处置培训体系

环江作业区为了提高员工应急处置能力，制定了一套全区域的应急处置培训体系。该体系包括应急处置流程、应急预案演练、应急指挥和应急知识普及等方面的内容。

1.3.3 建立健全环江"大培训"体系

环江作业区为了提高员工综合素质，制定了一套全员"大培训"体系。该体系包括团队建设、职业规划、创新创效等多个方面的培训内容和形式。

1.4 全面促进两个提升

1.4.1 全员技能等级提升

全员技能等级提升是环江作业区为了提高员工专业技能水平，制定的一项全员技能等级评估和提升计划。该计划通过定期考核和评估，提高员工技能水平和岗位能力，以满足公司业务发展的需要。

1.4.2 全员素质本领提升

全员素质本领提升是环江作业区为了提高员工综合素质，制定的一项全员素质提升计划。该计划旨在通过培养员工的综合素质，包括道德素质、业务素质、职业素养和领导力素质等方面，提高员工的工作能力。

2 具体实施方案

2.1 打造"阳光课堂"

通过实施"大培训"计划，构建"阳光课堂"，确保所有岗位的员工都能成为彼此的导师，使每个员工都能够成为自己岗位上的业务能手。每个岗位都会根据生产需求和季节变化，制定出切实可行的当月培训计划，使培训内容保持动态化和实时性。这种方式着重打造一个"业务岗位全方位，培训学习无死角"的学习环境，确保各项培训内容的全面性和实用性。通过全员参与、全方位覆盖的培训模式，使员工在岗位上充分发挥专业优势，不断提高自己的业务水平和综合素质。

2.2 实施"七全三责"

为确保实现100%全员参与培训，实施"七全三责"。"七全"是对于培训教师、领导干部、作业区各组室、井区班组、重点岗位、在岗人员以及返岗人员的全方位覆盖。这一策略构建了一个全面而多元的培训体系，确保了各层次、各岗位的人才都能够在这个平台上获得成长与提升，无论是专业技能还是综合素质，都能够在这个系统中得到充分的提炼与锤炼。"三责"是对于每位参与培训的人员提出了明确的要求与期望。一责，培训责任在岗，强调了岗位的重要性与责任感；二责，培训责任在人，突出了个人主动性与学习的积极性；三责，培训责任在心，深化了对于学习态度与学习精神的要求，鼓励每一位参训者都能够全心投入，实现自我价值的提升。

2.3 组织季节性专项培训

开展季节性岗位技能培训，全面提升员工的岗位技能操作水平，加强他们的风险辨识与削减能力，并熟练掌握常见急救技能。通过这样的培训，提高全体员工的应急处置水平，确保每一位员工都能够在紧急情况下迅速、准确地采取措施，确保安全生产。该培训侧重于安全操作，通过举办一系列以"安全操作岗位技能培训"为主题的活动，确保每一位员工都能够掌握和运用所学的安全操作知识。针对节假日、重大会议及其他敏感时段，对重点岗位人员进行专项培训，确保在关键时刻发挥作用，为原油生产提供坚实的安全保障。组织冬季生产安全专项培训，强化冬季安全生产能力，并增强安全防范意识。通过这样的培训，助力冬季安全生产平稳运行，确保每一位员工都能够在寒冷的冬季中安全、高效地完成工作。

2.4 培训资料模块化

为实现培训资料模块化这一目标，按照一定的格式要求开展培训资料的整理工作，目前所有应急班、联合站、作业区的培训资料已经规整完毕，确保了培训内容的标准化与统一性。通过资料的统一和模块化，成功实现培训工作目标在各个层面上的一致性，使得整体工作效率得到显著提升。采用详细系统的方法建立培训资料册，按月装订成册。每本资料册都包含封皮、培训计划、培训汇总、培训签到表、成绩汇总、考试卷、巡检维护队月度培训考核及培训档案等模块，以便于管理和查阅。模块化的培训资料不仅方便培训过程管理，为员工提供了更为系统、完整的学习资源，更有助于他们更加深入地理解和掌握各个培训模块的内容，从而更好地应用于实际工作中。

2.5 实施有效的员工激励

健全完善员工激励机制，激发员工的工作热情和提升综合能力。环江作业区制定具有吸引力的激励政策，激励每一位员工发挥出最大的工作潜能，实现"让先进更先进，后进赶先进"的发展目标，不断推动基层培训工作的全面进步和全面过硬。激励政策不仅仅局限于物质奖励，更注重精神鼓舞和文化引领，倡导"干就干好，争就争优"的文化理念。通过这种积极向上的企业文化，激发员工的职业热情和创新精神，使其在工作中充分发挥个人潜能，为企业的持续发展贡献力量。通过有效的员工激励，进一步培养员工的团队协作精神和责任心，增强其对企业的归属感和认同感，从而提高员工的工作满意度和工作效率。

3 实施效果

"1332"培训管理法的实施，有效提高了环江作业区员工的专业技能和综合素质，取得了良好的效果。

首先，培训内容更加多元化和实用化。通过建立多平台、多体系的培训模式，环江作业区为员工提供了更加多元化、全方位的培训内容，使员工能够更全面地掌握相关知识和技能。特别是沉浸式室内模拟技能实训平台的使用，有效提高了员工实践操作技能，让员工在虚拟的环境中进行真实的操作练习，减少了实际操作过程中的安全隐患。

其次，培训效果更加显著和可评估。《2023年环江作业区培训管理考核制度》的制定，使得培训过程中的各个环节都有了相应的考核标准，能够更加客观地评估培训效果。同时，通过全员技能等级提升和全员素质本领提升两项措施，员工的综合素质得到了有效提高。作业区20名技师每人至少都拥有2项专利成果，每年每人至少上报3项生产难题，2023年环江作业区上报一线生产难题共68项，被采纳54项。员工职业技能等级持证率从78.1%上升至97.36%，实际参考率从2020年86.44%上升至97.94%，通过率从30%上升至75.22%。2023年符合报考条件并计划参加鉴定人数占比从80%上升至100%，2023年理论通过率从60%上升至95.1%。

4　结论

"1332"培训管理法对于提高员工的技能水平和素质水平具有重要意义。需要建立一套科学的管理和监督机制，加强宣传和推广，增强员工的使用意识和积极性，对培训过程中出现的问题及时进行处理和整改，确保培训管理的规范性和有效性。通过不断完善和改进，注重培训的趣味性和参与度，进一步提高培训的效果和质量。在平台方面，可以探索更多新的培训平台，如在线学习平台、移动学习平台等，以更好地满足员工学习的需求。在体系方面，可以不断完善各种培训体系，提高培训的系统性和针对性，为环江作业区的可持续发展提供有力的支撑。

（作者：杨曦，长庆油田第七采油厂，采油工，高级技师；杨君，长庆油田第六采油厂，采油工，首席技师；刘利娜，长庆油田工艺研究院，采气工，首席技师；冯周江，长庆油田第七采油厂，采油工，高级工；安军红，长庆油田第七采油厂，采油工，高级技师）

师带徒：培养技能人才的有效途径

◆ 刘洪俊　许佳欣　刘永明　刘　洋　李忠军

人才是支撑发展的第一资源。油田公司在优化公司培训体系，加快人才培养速度的过程中，师带徒培养方式起到不可替代的重要地位。在一些新兴企业中，有的已经取消了师带徒这种传统培训模式，认为这种培训方式是在后退，其实不然，无论是什么企业，"师带徒"这种简单模式都是培养人才的高效手段，有利于企业的长远发展。

1　师带徒培养方式的重要意义

师带徒顾名思义就是在企业或团队中，通过"以老带新"的方法开展工作，传授经验，帮助徒弟成长。油田企业推行师带徒人才培养模式，是一个很好的现场人才培训举措，有利于"传帮带"光荣传统回归。

作为人才培养的重要手段，师带徒培养方式可以运用到各种规模、形式的企业中，大庆油田一直沿袭这种传统的人才培养方式，为油田企业培育了一批又一批的技能人才。

1.1　明确职业发展道路

通过师带徒的传统方式，师傅把多年的工作经验总结教给徒弟，能够帮助新员工更快、更好地融入企业，快速熟悉企业环境，明确今后的职业发展规划。

1.2　发挥技能人才作用

中国石油天然气集团有限公司技能大师、油田首席技师和特级技师等高技能人才通过师带徒的方式，将自己的高超技艺传授给徒弟的同时，也使自己的技能水平得到稳步提升，增加了他们授课的经验，同时也提高了他们的荣誉感、成就感和责任感。

1.3　增强企业凝聚力

通过师带徒的培养方式，使企业的整体技能水平得到提升，增强了企业团队的凝聚力和团队意识，能够提高企业员工的稳定性和满足感。

2　分析师带徒培养方式的现状

想要充分发挥师带徒培养方式的优势，就要从根本上分析师带徒模式的现状，找出可以挖掘的发展空间,才能发挥出更好的效果。

以下是师带徒培养方式中可能存在的一些问题:

(1) 知识和经验传递有限:师带徒培养方式依赖于师傅的个人知识和经验,但每个人的知识和经验都是有限的,这可能导致徒弟无法获得全面的知识和最新的行业动态[1]。

(2) 发展速度不一致:每个徒弟的学习能力和发展速度都不同。有些人可能会迅速掌握知识和技能,而其他人可能需要更多的时间和支持。分析固定的师带徒培养方式可能无法满足所有徒弟的需求,导致一些人的发展受到限制。

(3) 缺乏系统的培训和评估:师带徒的方式通常是基于实际项目和工作经验,可能缺乏系统的培训和评估机制。这可能导致徒弟在某些方面的知识和技能存在漏洞,并且难以确定他们的实际能力水平。

3 整改措施

为了解决师带徒中存在的问题,大庆油田某采油厂制定了相关整改措施,并在2023年进行实施,应用效果很好。主要做法有以下几方面。

3.1 师徒配对的选择

徒弟想在某些方面有所提升应该是明确的,在目标明确的前提下找相应方面的技术能手,培养效果会更好。如果员工不知道该找谁来当师傅,那么员工可以把想要学习的内容报送至厂里,厂里通过技能和经验匹配、个性和风格匹配、发展和需求匹配、反馈和评估匹配等方法对徒弟和师傅进行配对。这些方法可以帮助提高师徒人员的匹配度,增强培训效果和提升员工满意度。

3.2 制定动态培养方案

签订师徒协议后,首先师傅要对徒弟进行简单的了解,以下列举了师傅要为徒弟做的几件事(表1)。

表1 师徒培养前应做的事情

序号	事项	完成时间	师傅签字	徒弟签字
1	最初的了解:与徒弟进行一次交流,了解相互的基本情况			
2	师徒相互参观工作环境:师徒相互了解工作环境,可以方便今后的学习交流			
3	与徒弟共同制定学习计划			
4	……			

通过对徒弟的性格特点、学习能力等方面的了解,制定出针对性强的培养方案,随着徒弟学习进度的变化,动态调整学习计划,满足徒弟的学习需要。

3.3 日常培训"四个一"

每日一提问:在师带徒培养过程中,师傅应该坚持每日对徒弟进行提问,包括现场生产难题、理论知识、设备原理等,强化学习效果,达到真学、真会、真懂的良好状态,从而锻炼徒弟发现问题、解决问题的能力,使每一位徒弟都能做到遇到问题独立分析、判断和解决。徒弟给出的答案、观点与师傅不尽相同,也可以促进师傅多方面思考,这就形成了一种双向提高,达到共同进步[2]。

每周一交流:每周师徒开展一次座谈交流,师傅掌握徒弟本周学习情况,动态调整培养方案,提高培养质量,同时企业内可以组织各组师徒适时开展学习成果分享等活动,推动师徒快速、高水平进步。

每月一考核:全厂每月组织一次考试,邀请领导监督,采取现场公布成绩的方式,公平公正地对徒弟近期学习进行检测。对于考试不合格的徒弟，按要求考核师傅。通过考核的方式，以考代练，不仅检验徒弟的学习情况，同时也起到监督师傅勤于教学的作用。

每年一评比：年底的时候组织金牌师徒评比活动，对师傅和徒弟一年的综合成绩量化考核，进行评比，对于分数优异的师徒予以奖励表彰。

3.4 培训与比赛同步，强化学习效果

比赛是一项很好的人才选拔方式，通过比赛，可以多方面考察徒弟的综合素质，提升青年工人的整体技能水平。通过比赛奖励师带徒培训效果优异的师徒，可增强师带徒的积极性。还可以组织师傅与徒弟们之间的比赛，增加趣味性，实现双向提升。

3.5 将师带徒作为年终考核重点

将师带徒作为技能人才的重点业绩考核工作。某采油厂在2023年底对技能人才进行测评时，测评标准中"师带徒"成绩占比8分，见表2。以徒弟培养期间的学习成绩、工作业绩等为依据，对师傅进行考核，徒弟取得相应技能等级则加分，反之则不加分。

表2 技能人才测评中师带徒成绩

项目	分数	明细	说明
师带徒	8	年度内所带徒弟通过高级技师职业技能鉴定考核(4分)	台账+正式签订师徒协议(需盖章)+徒弟职业资格证明(需在带徒期间取得)；每个等级的徒弟最多提交2个
		年度内所带徒弟通过技师职业技能鉴定考核(2分)	
		年度内所带徒弟通过高级工职业技能鉴定考核(1分)	
		年度内所带徒弟通过中、初级工职业技能鉴定考核(各0.5分)	

4 应用效果

针对以上问题，大庆油田某采油厂2023年放宽师带徒条件，并且给予政策扶持，师徒对子数量大幅上升，技能人才成长较快，见图1。

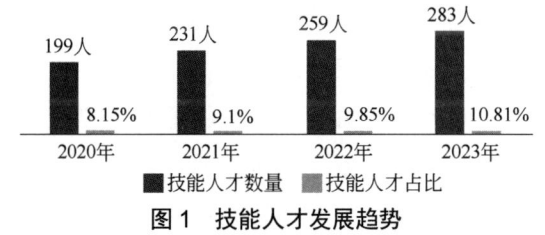

图1 技能人才发展趋势

2023年在优化师带徒活动方案后，坚持目标导向、结果导向，结成674对师徒对子。经统计，其中14名徒弟从技能操作人员成为基层班组管理干部，304人取得第二工种职业技能等级证书，361人职业技能等级得到晋升，33人在各级各类大赛中取得优异成绩。共撰写厂内论文144篇，申报专利14项，136人参与各级生产技术难题攻关团队，申报五小成果76项，提出合理化建议46项。通过对师带徒改革后的效果分析，可以看出以上整改措施有效实用，强化了技能人才示范引领作用，夯实了一线操作力量，对培训工作起到了很好的带动作用。

参考文献

[1] 傅晓兰. 新形势下师带徒培训管理的创新[J]. 中国电力教育，2011（7）：56-58.

[2] 胡全义，付博，穆岩，等."师带徒"培养模式助力人才培养[J]. 农业管理，2023（12）：36-37.

（作者：刘洪俊，大庆油田第八采油厂，采油工，首席技师；许佳欣，大庆油田第八采油厂，采油工，高级技师；刘永明，大庆油田第八采油厂，高级技师；刘洋，大庆油田第八采油厂；李忠军，大庆油田第九采油厂，采油工，高级技师）

主母火燃烧器在安塞油田生产现场的应用

◆ 陈凤莲　付彦丽　魏　诚　胡志才　杜亚红

安塞油田共有锅炉、加热炉和数字化集成增压装置735台，配套全自动燃烧器147台、主母火燃烧器125台、简易火嘴465套，总装机功率237.1MW。主母火燃烧器主要是通过母火熄火保护、热负荷调节实现加热炉运行中的安全保护、大小火转换功能，可是在生产运行中由于人、机、料、法、环、管理因素欠缺的影响，时常出现安全隐患，可能会导致油气泄漏、火灾爆炸、环境污染、设备损坏等严重后果，给企业造成重大经济损失。本文通过对各种型号主母火燃烧器结构的对比，分析安塞油田主母火燃烧器的应用，提出使用安全性可靠的负压引射式燃烧器建议，对油田生产意义重大。

1　主母火燃烧器的结构特点及存在问题分析

1.1　负压引射式主母火燃烧器

1.1.1　结构特点

负压引射式主母火燃烧器见图1和图2，其具有以下特点：

（1）设计有一次风门和二次风门，通过调节一次风门调整燃料气的空燃比，使燃料气与空气充分预混合；通过调节二次风门调整燃烧器运行时的配风量，提高燃烧效率和加热炉的抽吸能力，属于严格意义上的负压引射式主母火燃烧器。

（2）主母火均设计为直喷型火嘴，能通过燃气压力将携带的少量轻质油喷入加热炉燃烧室燃烧，轻质油不容易黏附在燃烧头燃烧，燃烧头不易损坏，燃烧比较安全。

（3）针对立式加热炉，将配套于立式加热炉的主火燃烧头设计为水平盘式，上方设计多排同心喷气孔，下方设计滴油孔，确保了运行安全。

1.1.2　存在问题

（1）生产过程中部分加热炉存在轻微积碳现象。

（2）可能将少量的轻质油带入高温燃烧室燃烧，导致火嘴处有胶结物。

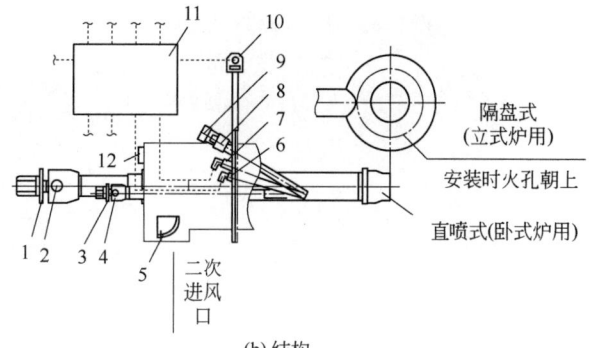

图 1 负压引射式主母火燃烧器 1

1—主火嘴一次调风板；2—主火嘴燃气进口 R_c1；3—母火嘴一次调风板；4—母火嘴燃气进口 $R_c1/2$；5—二次进风调节板；6—火焰探测器；7—点火电极；8—辅助电极；9—母火观火孔；10—点火按钮；11—电控箱；12—主火观火孔

图 2 负压引射式主母火燃烧器 2

1.2 双燃烧头主母火燃烧器

1.2.1 结构特点

双燃烧头主母火燃烧器见图 3，其具有以下特点：

（1）燃气与空气不能提前预混合，空燃比不能有效调节，不属于严格意义上的负压引射式燃烧器，只能通过调节一次风门调节配风和有限地调节空燃比。

（2）主火燃烧头设计为内焰和外焰，内焰为喇叭式直喷火嘴，外焰为垂直环形火嘴，环形火嘴上分布着细小的喷管。

1.2.2 存在问题

（1）未设计一次风门，燃气和空气不能提前预混合，空燃比不合理，火焰发黄，燃烧效率低，积碳严重，每 2～3 个月需清理一次。

（2）环形副火嘴设计不科学。一是副火嘴使用普通碳钢焊接，管壁容易烧坏，从而导致回火或炸膛，存在重大安全隐患；二是环形副火嘴容易积液，轻质油容易黏附在喷管及火嘴燃烧，不能喷入燃烧室燃烧，导致环形副火嘴烧坏，从而引起回火和炸膛。

（3）燃烧头设计过短。主火内外燃烧头伸入加热炉燃烧室过浅，影响加热炉的抽吸能力，大风天气时，明火易从风门或点火孔串到燃烧器外面，存在安全隐患。

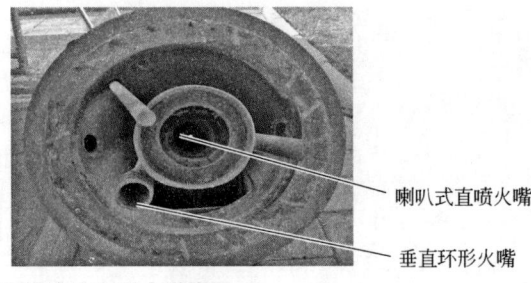

喇叭式直喷火嘴
垂直环形火嘴

图3 双燃烧头主母火燃烧器

1.3 直喷火嘴主母火燃烧器

1.3.1 结构特点

直喷火嘴主母火燃烧器见图4,其具有以下特点:

(1) 设计一次风门和二次风门。
(2) 燃烧器主火为直喷火嘴。
(3) 火焰成形良好,燃烧充分。

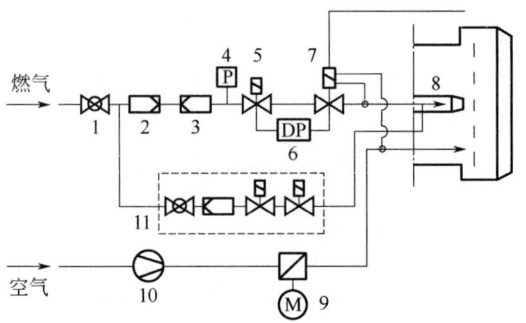

图4 直喷火嘴主母火燃烧器
1—手阀;2—过滤器;3—调压器;4—压力开关;5—电磁阀;6—泄漏检测;7—空气－燃气压力平衡调节器;
8—喷嘴;9—风门调节器;10—鼓风机;11—点火气阀

1.3.2 存在问题

(1) 燃烧器总成设计简单,在加热炉安装时现场布线(气动控制管路),整个燃烧器及控制标准低,气动管线容易漏气,达到设定温度时不能关闭气动运行阀将主火熄灭,异常熄火时不能关闭气动安全切断阀关闭总气源,存在安全隐患。

(2) 二次风门设计不合理,容易造成火焰偏烧,降低热效率,影响设备使用寿命。

2 系统分析

2.1 控制系统分析

安塞油田主母火燃烧器的燃气控制系统,主要分三种类型:纯气动控制模式、纯电磁阀控制模式、混合控制模式。

2.1.1 纯气动控制模式

(1) 控制单元有机械传感器、火焰探测器、气动控制运行阀、气动控制安全切断阀。正常运行时,通过机械传感器气动控制运行阀的启闭,自动控制主火的开启和关闭;在火焰探测器监测到熄火时,气动控制安全切断阀关闭,关闭主母火总气源,熄火保护。目前纯气动控制模式应用最为广泛,主要用于非数字化系统下的加热炉配套,如绝大部分的卧式加热炉、立式加热炉。

(2) 纯气动控制模式,优点是可靠性高,适应性较强,拆解清洗简单,能较好地适应于油田伴生气为燃料的运行工况;缺点是不兼容于数字化系统，燃烧器的运行状态、加热炉运行参数不能直接接入数字化监控平台或PLC可编程控制器，不能远程监控和远程操作，自动化程度较低。

2.1.2 纯电磁阀控制模式

（1）控制单元有温度传感器、火焰探测器（离子探针或红外探测器）、电磁运行阀、电磁安全阀、电控柜。运行时电控柜根据温度和火焰状态控制电磁运行阀和电磁安全阀的开启或关闭，满足运行要求。此模式主要用于机械厂生产的数字化增压撬，便于数据上传。

（2）纯电磁阀控制模式，优点是自动化程度高，能将运行状态和参数上传到PLC可编程控制器，与数字化系统兼容性高；缺点是电磁阀的可靠性相比气动阀要低，在燃料气携液情况下容易导致电磁阀失效，故障率较高。

2.1.3 混合控制模式

（1）控制单元有机械传感器、火焰探测器、气动控制运行阀、气动控制安全切断阀、电磁安全切断阀。其原理是在纯气动控制模式的基础上，增加电磁安全切断功能，便于将加热炉运行状态上传到数字化系统。这种模式主要用于安塞油田自主改造的数字化无人值守站点，将气动燃烧器并入数字化系统。

（2）混合控制模式，结合了以上两种模式的优点，使用气动模式运行，确保运行的可靠性，利用电磁阀和离子探针或红外火焰探测器将运行状态和参数上传到PLC，能较好地兼容于数字化系统。缺点是电磁阀制约了混合气动控制模式的可靠性，在电磁阀损坏时，只能通过旁通开启气动模式，燃烧器运行状态不能上传系统。

2.2 点火系统分析

安塞油田主母火燃烧器的点火方式主要有人工点火和半自动点火两种方式：

（1）人工点火是现场将自制简易点火棒上的火媒点燃后，从点火孔伸入母火火嘴，打开母火快开球阀，引燃母火。

（2）半自动点火模式包括点火电极、点火变压器、点火开关。点火时按下点火开关，打开母火快开球阀，将母火点燃。主母火的点火方式，都是开启主火快开球阀，将母火点燃，运行时母火常明不灭，主火根据设定温度自动开启或关闭。

通过统计分析，安塞油田有125台主母火燃烧器，其中手动点火98台，半自动点火27台，自动化程度较低。机械厂生产的卧式冷凝加热炉，母火快开球阀位置设计不合理，员工点火必须站到主火和母火气管线之间才能打开母火快开球阀，应急逃生路线不畅通，存在重大安全隐患，因此应将母火快开球阀移至加热炉侧面，确保员工站在加热炉侧面同时能打开母火快开球阀和点火开关。

3 运行状况分析

安塞油田14个采油作业区，均有主母火燃烧器，绝大部分的主母火燃烧器，冬季运行时均不走气动控制流程，而是使用旁通运行，主要是因为运行过程中存在以下几个问题：

3.1 燃烧效率低，积碳严重

这种现象包括两个方面：一是长庆油田机械厂早期生产的增压撬和卧式常压加热炉，因加热炉烟管过细，炉膛阻力过高，加热炉抽吸能力不足，负压引射式燃烧器火焰成型不好；二是双燃烧头主母火燃烧器的结构设计原因，燃料气不能与空气预混合，空燃比不合理，燃烧效果差，导致燃烧头和烟管积碳严重，每2～3个月需清理一次。

3.2 回火严重，隐患突出

这种现象大面积存在于双燃烧头主母火燃烧器：一是主火副火嘴设计环形，燃料气中的轻质油容易黏附在环形火嘴上燃烧，导致环形副火嘴容易烧坏，引起回火、点炉炸膛等重大安全隐患；二是燃烧头设计过短，燃烧头伸入炉膛较浅，影响了加热炉的抽吸能力，火焰在燃烧头跟前燃烧，在大风天气时出现火焰从观火孔或配气孔窜出来，存在安全隐患。

3.3 旁路运行，保护失效

一是直喷火嘴主母火燃烧器因结构简陋，气动控制管路漏气严重，目前均走旁通流程，气动控制和熄火保护功能失效，存在较大安全隐患；二是由于大部分使用伴生气为燃料，分离器到燃烧器管线较长，员工排液不彻底，燃料气携液严重，且早期投产的加热炉燃气未进入炉体二次加温，气动控制阀容易冻堵，导致安塞油田大部分主母火燃烧器均使用旁通运行。

3.4 燃烧器损坏维修渠道不畅

2022—2023年安塞油田通过无人值守站数字化改造更新配套了主母火燃烧器13台（更新拆除1台、运行12台），点火和控制系统损坏严重，目前现有的12台均为旁通运行。运行1～2年出现环形副火嘴烧损，通过封堵环形火嘴保持运行。

4 结论及建议

4.1 确保气动控制流程运行正常

加热炉在夏季天气暖和的时候一直使用气动控制流程运行，在秋冬季时，可坚持使用气动控制流程，加强伴生气排液，降低燃料气携液量。

4.2 增加伴热流程

加热炉设计燃气伴热盘管，燃料气经加热炉伴热后进入气动阀不容易形成积液或积液较少，确保了气动阀正常运行。

4.3 员工培训到位，操作规范

主母火燃烧器的管理存在欠缺，伴生气排液没有按要求执行，监管及考核环节有缺失，在今后的工作中加强管理环节，禁止员工随意拆卸部件进行维护及更换，防止将螺丝垫圈等金属件遗留在燃烧器内部，减少设备损坏的风险。

4.4 定期开展主母火燃烧器的维护保养工作

根据使用环境，坚持每个月对燃烧器进行检查、维护保养，主要包括以下内容：

（1）燃气泄漏：接通燃气后，要用发泡剂仔细检查燃气管道各接口处有无泄漏。

（2）燃气管道过滤器：每隔1个月检查清理一次。

（3）燃气调压器：每隔1个月检查清理一次阀口垫。

（4）燃气阀组过滤网：燃气过滤网应两周清洁一次，过滤网太脏应及时更换。

（5）燃烧头：打开燃烧器确保燃烧头所有部件良好，没有变形或污垢。

（6）燃烧器外部：检查否有紧固螺栓松动。

（作者：陈凤莲，长庆油田第一采油厂，采油工，首席技师；付彦丽，长庆油田油气工艺研究院，采油工，首席技师；魏诚，长庆油田油气工艺研究院，采油工，首席技师；胡志才，长庆油田第四采油厂，采油工，高级技师；杜亚红，长庆油田第一采油厂，采油工，高级技师）

浅谈加油站客户开发与维护

◆ 张雨立　唐　颖

客户资源是企业的核心竞争力，对于加油站来说，如何吸引更多客户并保持其忠诚度是至关重要的。本文旨在探讨加油站客户开发与维护的策略，以帮助加油站在竞争激烈的市场中取得优势。

1　加油站客户分类

1.1　政府机关及企事业单位客户

这类客户对大众消费具有导向性，是加油站开发的重点。他们注重油品质量、加油环境和服务，加油地点相对固定，信誉好，价格敏感度低。加油站可通过办理单位专卡、分单位登记加油台账等方式，优化管理单位车辆加油，实现开发与维护的双重效果。

1.2　出租车客户

出租车客户加油量相对稳定，要求便捷加油，对油品价格和数质量敏感，偏好实用的赠品和免费服务。加油站可针对性地提供便捷停车、专用加油通道优先加油以及专用大优惠加油卡等服务，有条件的加油站还可增加免费洗车服务。

1.3　物流运输车队客户

这类客户重视油品质量，同时关心价格成本。他们用油稳定、忠诚度高，且能起到很好的宣传作用。加油站在前期需要争取价格支撑，吸引客户；在服务上通过优先引导加油、提供凉茶和休息室等增值服务，让客户体验到便利和舒适。

1.4　私家车类客户

私家车类客户对油品质量要求高，希望得到快捷服务，价格敏感度高，维权意识强。加油站可通过推广IC卡业务，与停车场、汽车4S店、车友会等场所建立合作等方式，开展上门宣传、争取捆绑开发。同时，加油站应提高服务质量，积极"开口营销"，让客户感受到优越感。

1.5　工程建筑类客户

这类客户大部分拥有储油、加油设备，价格敏感度较高，用油量大，希望送货上门。加油站主要通过产品品牌和服务品牌的策略，在保证油品质量和价格优惠的基础上，加强客户服务，主要是配送计划的安排与对接，给客户避免供应脱节的担忧。

1.6 农业用油客户

此类客户季节性明显，价格敏感度高，农忙时节用量大，以柴油为主。由于此类客户的油品知识较为缺乏，同时油品安全、消防安全方面的知识也较为薄弱，加油站要积极开展油品安全、消防安全和油品储存常识的宣传，塑造良好的企业形象，增加客户对中石油品牌的信任度和忠诚度。

2 加油站客户开发

2.1 立足前庭，抓好现场客户开发

加油站前庭是接触客户机会最多的地方，员工应随时留心观察了解加油客户的情况，发掘潜在固定客户。通过细心观察和点滴积累，使加油站的固定客户逐步增加。

2.2 转变观念，全员营销

加油站应坚持以客户为中心，组织员工进行客户开发培训，提高员工的客户开发能力和语言沟通水平。员工在现场服务时，加强加油站优惠及客户管理政策宣传，对加油车辆、进站车辆逐一进行沟通，捕捉市场信息，及时了解客户需求，以最大程度满足客户需要。同时，充分利用员工个人的关系网，了解和争取其朋友或亲属等用油单位和个人到站加油。

2.3 扬长避短，变坐商为行商

加油站应转变观念，以市场为导向，变坐商为行商，走出去摸索商机。具体可按照"摸、排、攻"三字方针展开：

（1）摸：以加油站为单位，以加油站经理为主要责任人，对周边客户进行细致摸排，搜集客户电话、地址、用油需求、购油量及频率等具体信息。

（2）排：对所摸底客户信息进行及时筛选，建立潜在客户档案和固定客户档案，确定各类客户的开发责任制。

（3）攻：对潜在客户多走访，多联络，打消顾客顾虑，最终转化成自己的顾客。

3 加油站客户维护

3.1 建立客户跟踪维护责任制

加油站客户种类较多，维护难度大，应把加油站客户维护责任落实到员工，按照谁开发、谁维护原则，定期拜访及时了解客户的情况和想法，帮忙解决相关难题，为客户提供优质的服务。

3.2 以诚相待，重信守义

对待客户就要以诚相待，准守信用。在网络发达的今天，一次对客户的不守信不负责就可能会带来严重的后果。

3.3 用二八法则维护客户

根据"二八法则"原理，只要维护20%的重要客户就稳住了80%的销量。加油站应首先盯紧竞争对手价格政策，安排专人每周调查两次，迅速对价格变化做出反应，利用价格杠杆，适当调整优惠幅度，吸引顾客。同时，开展增值服务，站内提供免费开水，免费帮客户建立加油台账及监督车辆用油情况，这可以帮助顾客减少经济损失，也树立了中国石油品牌营销力，提升客户忠诚度。

3.4 优质高效，做好现场服务

对固定客户加强站内引导工作，设置IC卡专用车道，与现金客户分流，使固定客户享受VIP服务。与柴油车队客户协商，让其在低峰期加油，以避免排队等候的问题。此外，还应提供擦车、开水、汽车保养咨询等服务。为了提升服务质量，需对员工进行标准服务用语培训，优化加油机品号部署，并合理排班，确保高峰期的服

务质量。

结语：在市场经济日益发展的当下，成品油市场销售愈发注重品质、价值和客户满意度。在政策与市场等外部因素的影响下，抓住并留住客户是加油站保持稳定持续发展的关键。因此，维护老客户、开发新客户，与客户建立长期稳定的合作关系是当前市场竞争发展的核心策略。唯有真诚对待客户、信守承诺，才能实现稳定发展、繁荣进步。

参考文献

肖建中. 会员制营销：忠诚客户开发与维护方案 [M]. 北京：北京大学出版社，2006.

（作者：张雨立，广东销售，加油站操作员，高级技师；唐颖，山东销售，加油站操作员，高级技师）

用顶空气相色谱法测定聚苯乙烯树脂中残余苯乙烯含量

◆ 潘志强 蒋 敏 陈实春 张建涛 黄 慧

聚苯乙烯是独山子石化公司主要产品之一，残余苯乙烯单体的测定是聚苯乙烯的一项重点分析项目。聚苯乙烯是由苯乙烯（St）单体经自由基聚合而成，包括普通聚苯乙烯（PS）、抗冲级聚苯乙烯（HIPS）及通用级聚苯乙烯（GPPS）等，常常被用于制作食品包装容器。由于生产工艺等原因，导致产品中一般会有苯乙烯单体残留，残留的苯乙烯会对人体健康造成危害。因此，必须控制聚苯乙烯树脂中残余苯乙烯的含量，用顶空气相色谱法测定聚苯乙烯中残余苯乙烯单体的含量，能为生产工艺提供很好的指导意义。

1 实验部分

1.1 主要仪器与试剂

Agilent GC-6890N 型气相色谱仪，配备 ChemStation 化学工作站，Agilent 7694E 顶空进样器；电子天平（精确到 0.1mg）；10mL 顶空样品瓶；正丁苯，纯度不低于 99%；N, N-二甲基甲酰胺，分析纯；苯乙烯，分析纯；氮气，纯度不低于 99.99%；氢气，纯度不低于 99.99%；空气（经活性碳、硅胶和 5A 分子筛净化、干燥）。

以 N, N-二甲基甲酰胺为溶剂，配制正丁苯内标物为 200mg/L，苯乙烯含量分别为 2.6mg/L、5.2mg/L、10.3mg/L、20.6mg/L、25.8mg/L、51.6mg/L 系列标准溶液。

1.2 色谱条件

1.2.1 色谱主机分析条件

色谱柱：HP-INNOWAX polyethylene Glycol 毛细柱（60m×0.32mm×1μm）；载气为氮气；柱流量 2.0mL/min；柱箱温度升温程序：110℃（15.0min），8.0℃/min → 180℃（2min），后运行 200℃，4min；气化室温度 250℃；检测器温度 250℃，尾吹气（氮气）流量 15mL/min；氢气流量 35mL/min；空气流量 400mL/min；分流比 80∶1；定量方法：色谱峰面积，内标标准曲线法。

1.2.2 顶空自动进样器条件

顶空平衡温度 120℃；定量环温度 130℃；传输管温度 150℃；色谱仪分析时间 28min；顶

空平衡时间50min；顶空瓶加压时间1min；定量管置换时间0.2min；定量管平衡时间0.05min；进样时间0.1min；定量环体积为1mL。

2 结果与讨论

2.1 工作校正曲线的绘制

分别移取2.6mg/L、5.2mg/L、10.3mg/L、20.6mg/L、25.8mg/L、51.6mg/L系列标准溶液各5.0mL于10mL顶空瓶中并密封顶空瓶，打开顶空仪的盖子，将制备好的第一个标样瓶放入顶空仪样品盘，盖好盖子，然后按开始键进行顶空，等待顶空完成后自动进样到色谱仪进行分离分析。每个标样进两针平行样，系列标样中的其他浓度也按照相同方法进行分析，建立校正表（表1）和校正曲线（图1）。由图1可知，线性相关系数为0.99985，在0.999以上，满足测定要求。

表1 标样的校正表

化合物	级别	含量, mg/L	面积, pA.s	响应因子	参比	内标
苯乙烯	1	2.6	1.789	1.453	否	否
	2	5.2	3.551	1.464		
	3	10.3	7.231	1.424		
	4	20.6	13.333	1.545		
	5	25.8	16.800	1.536		
	6	51.6	34.467	1.497		
正丁基苯	1	200	74.348	2.690	是	是
	2	200	74.750	2.676		
	3	200	75.802	2.638		
	4	200	73.121	2.735		
	5	200	75.982	2.632		
	6	200	76.576	2.612		

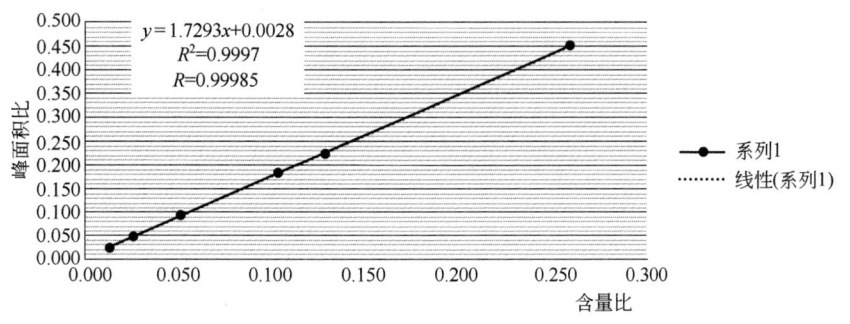

图1 工作校正曲线

2.2 重复性与回收率实验

对实验方法的重复性和准确性进行考察，将系列标样为待测样，重复测定6次，得到的定量分析结果见表2。

表2 标样的测定结果

组份名称	标称值，mg/L	测定值，mg/L							RSD，%	回收率 %
		1	2	3	4	5	6	平均值		
苯乙烯	2.6	2.34	2.49	2.84	2.28	2.43	2.42	2.47	7.99	95.0
	5.2	4.96	4.72	4.85	5.46	5.13	4.67	4.96	5.92	95.4
	10.3	10.36	10.97	10.95	9.93	9.84	10.76	10.47	4.81	101.7
	20.6	21.25	20.17	20.06	21.64	21.79	21.93	21.14	3.91	102.6
	25.8	25.48	26.35	25.27	25.19	25.37	25.94	25.60	1.77	99.2
	51.6	51.69	51.04	52.36	52.68	50.82	52.97	51.93	1.70	100.6

注：RSD 代表相对标准偏差。

从表2可以看出，标样中苯乙烯的回收率在 95.0%～102.6% 之间，说明该方法的准确度较高，6 次重复测定的相对标准偏差小于 7.99%，定量结果可以满足聚苯乙烯中残余苯乙烯单体质量监控的需要。

2.3 方法最低检出限

以标样为基准，取 3 次测量峰高的平均值，根据最低检出限公式：

$$M_{min} = 3 \times N \times C_{标} / H_{标}$$

式中 N——基线噪声；
$C_{标}$——标样浓度；
$H_{标}$——标样峰高。

计算组分的最低检出限，实验结果表明苯乙烯的检出限小于 10mg/L。本方法的最低检出限可以满足聚苯乙烯中残余苯乙烯单体工业分析需求。

2.4 实际试样的测定

对石化公司聚苯乙烯装置某位号的样品进行测定分析，用分析天平称取约 500mg 样品，精确到 1mg，放入体积为 50mL 具塞玻璃瓶中。用移液管加入 20mL 内标溶液，盖紧瓶塞，放到摇床上充分振摇，使瓶中的聚合物完全溶解或溶胀。用移液管向准备好的 10mL 顶空瓶中加入 5mL 样品溶液，密封顶空瓶并将其置于顶空仪内，等待顶空完成后自动进样到色谱仪进行分离分析。样品的色谱图见图2，定量结果表3。

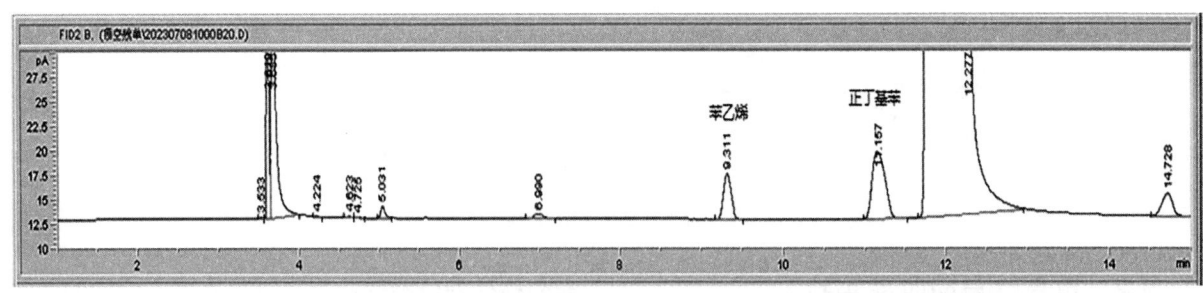

图2 残余苯乙烯在 HP-INNOWAX polyethylene Glycol 毛细柱上的色谱图

表3 毛细柱上试样6次测定结果　　　　　　　　　　　　　　　　　　　　　　　　　　　　　　　mg/L

次数	1	2	3	4	5	6	平均值	RSD，%
苯乙烯含量	252	265	259	268	261	264	262	2.14

由图2和表3可知，苯乙烯在HP-INNOWAX polyethylene Glycol 毛细柱上分离效果良好，测定结果的数据重复性较好，相对标准偏差（RSD）为2.14%。

2.5 顶空法与溶液注入法结果的比对

将不同牌号、不同批次的PS样品分别用溶液注入法和顶空法进行测定，两种不同方法的测定结果见表4，结果表明两种分析方法测定结果的再现性较好，并且采用顶空法不易污染色谱仪进样口，降低进样口内衬管的清洗和更换次数，减少色谱柱堵塞的次数，保证分析的及时率，提高分析检测结果的重复性和准确性。

表4 顶空法与溶液注入法结果的比对

序号	批次	牌号	溶液注入法 mg/L	顶空法 mg/L	平均值 mg/L	相对偏差 %
1	PS40271	GPPS-500	165	176	171	3.23
2	PS42486	GPPS-500NT	260	252	256	-1.56
3	PS42494	GPPS-500NT	176	190	183	3.83
4	PS42496	GPPS-500NT	182	192	187	2.67
5	PS40281	GPPS-500N	158	169	164	3.36
6	PS42498	GPPS-500NT	178	186	182	2.20
7	PS42505	GPPS-500NT	210	222	216	2.78
8	PS40287	GPPS-500	179	187	183	2.19

2.6 顶空自动进样器条件对分析结果的影响

2.6.1 平衡温度

样品平衡温度影响分析物在顶空气相中的浓度。总地来说，提高样品平衡温度，进入气相色谱仪的分析物量和方法的灵敏度都增加，确保全自动顶空进样器安全操作和满足所需分析灵敏度前提下，提高顶空平衡温度能获得好的结果。但是实际工作中往往是在满足灵敏度的条件下选择较低的平衡温度。因为过高的温度可能导致某些组分的分解和氧化（样品瓶中有空气），还可以使顶空气体的压力过高（特别是使用有机溶剂时）。顶空平衡温度过低样品内残余苯乙烯未完全气化，造成样品没有代表性，分析结果不准确。除了平衡温度外，取样管、定量管，以及与GC的连接管都要严格控制温度。这些温度往往要高于平衡温度，以避免样品的吸附和冷凝。

2.6.2 平衡时间

顶空平衡试验一般为30～45min，以保证样品溶液的气—液两相有足够的时间达到平衡，通常不超过60min，时间过长，可能引起顶空瓶的气密性变差，导致定量准确性的降低。顶空平衡时间太短,样品内的残余苯乙烯气化不完全,影响分析的准确性,平衡时间过长,分析时间相应延长,因此,宜选择合适的平衡时间。由于样品的性质千差万别,所以平衡时间很难预测,一般要通过实验来测定。

3 结语

采用顶空法进样方式,选择合适的色谱仪主机条件和顶空自动进样器条件,利用强极性 HP-INNOWAX polyethylene Glycol 毛细管柱建立了顶空气相色谱分析,实现了聚苯乙烯样品中杂质的良好分离。定量结果表明,6 次重复测定结果的 RSD 小于 7.99%,回收率在 95.0%～102.6% 之间,残余苯乙烯最低检出限低于 10mg/L,重复性、准确度满足工业定量分析需求。

参考文献

郑利红,蔡登定,米燕,等.聚苯乙烯中残余苯乙烯测定方法的建立[J].分析仪器,2017(4):61-67.

(作者:潘志强,独山子石化公司质检中心,化学检验员,首席技师;蒋敏,独山子石化公司质检中心,化学检验员,高级技师;陈实春,独山子石化公司质检中心,化学检验员,高级技师;张建涛,独山子石化公司质检中心,化学检验员,技师;黄慧,独山子石化公司质检中心,化学检验员,技师)

储罐计量导向管对液高的影响

◆ 陈茂喜

储罐计量导向管作为石油储罐的众多附件之一，也是石油储罐的重要组成部分。它在日常计量工作中承载着非常重要的作用，尤其是内浮顶油罐的计量导向管，不仅可保持浮盘水平限位，防止浮盘旋转漂移，限制浮盘只能沿导向管上下起落运动，而且是进行油品计量、测温和取样等操作使用的重要部位。导向管对储罐液高有重要影响，使用不正确，除了会给计量管理工作带来困难外，严重时会导致储罐冒罐事故发生，因此有必要对储罐的计量导向管使用进行研究分析。

1 储罐计量导向管的设置

石油储罐的计量导向管是一根从罐顶垂直放置在储罐内的管道，安装于罐顶操作平台所辖范围内，距罐壁不小于1m，底端距罐底200mm左右，穿插过浮盘直达储罐底部，通过焊接的方式固定在储罐上。一般计量导向管长度根据油罐的高度确定，直径分为ϕ150mm、ϕ200mm不等，根据使用需要，每具储罐至少配置一个或两个计量导向管，有人工计量检尺导向管和液位仪表计量导向管，方便计量操作使用。

2 储罐计量导向管的三种类型

2.1 有计量口无导向管型

储罐只设置了计量口，而没有设置直接到达油罐底部的计量导向管，浮顶罐检尺时只需打开浮盘上方孔盖即可，对储罐的液高无影响，测量数据准确。

2.2 有导向管有通孔型

储罐进出油过程中为了方便导向管内外油品进出交换，导向管上设置了很多孔洞（图1），使导向管内外液位高度平衡一致，导向管中液高能真实反映储罐内的液位高度，数据准确。

2.3 有导向管无通孔型

储罐安装了导向管但没有设置方便导向管内外油品进出交换的通孔（图2），在储罐进油过程中容易引起导向管内外液位差，对液高有较大影响；当储罐含底水层且水位较高时，进油过程中导向管内测得液位高度不能代表储罐内真实液位高度。

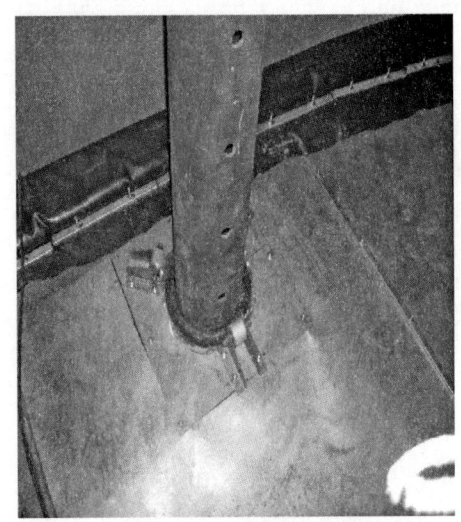

图 1 有通孔型导向管

图 2 无通孔型导向管

3 储罐计量导向管对液高的影响分析

计量导向管对存储成品油的内浮顶罐液位影响巨大，由于存储成品油的储罐为了防止储罐底板出现渗漏无法及时被发现，以及防止油品到达储罐底量进入非计量交接区，减少不必要的计量纠纷，通常会在储罐底部垫上一定的底水层。由于储罐的导向管一般距罐底 20cm 左右，但是如果垫入的底水层超过计量导向管下部的开口高度，而导向管无孔洞情况下，底水就会进入计量导向管内造成水封，再向储罐内进油时，原沉静在罐内底部的积水在来自罐外油品冲击的作用下，其中的一部分不断沿着导向管内壁上升。由于计量导向管周围密闭，没有通孔，导向管内的水无法与储罐内油品进行交换，从而使导向管内的水高大于储罐内实际水高。根据液体压强公式 $p=\rho g h$ 可以看出：由于导向管内水高大于储罐内水高，这样导向管内的液体平均密度大于导向管外的液体平均密度，因此导向管内的液体高度要小于导向管外的液体高度，这样往往在收油过程中就会造成事故，带来极大的安全风险。收油前储罐底部存储的底水越多，风险越大。

某公司成品油 G104 罐罐壁高度 15.7m，罐壁通气孔底部高度 14.9m，安全高度 12.0m。此罐于 11 月 11 日卸 93 号汽油入罐，卸油前检尺储罐底部存水 0.419m，已经超过了计量导向管底部开口高度，计量导向管无通孔。计量员按照要求对储罐进行卸油监控作业，根据卸油速度，G104 罐于 12 日 07:08 到达储罐安全高度 12.0m，停止了卸油作业，但在 07:10 储罐底气体报警器发生报警，值班人员迅速赶往 G104 罐，发现罐内油品正顺着罐壁通气孔向下流出，罐区内有大量汽油，随即进行报告并封锁现场。最后通过调查发现，计量导向管内的液高为 11.9m，导向管外的液高近 15m，两者相差约 3m。幸运的是储罐当时已经停止卸油作业，如果 G104 罐当时还在卸油，后果不堪设想。

4 解决办法

4.1 控制底水层高度

严格按要求控制储罐内的底水层高度，严禁超过计量导向管底部的开口高度，防止储罐底部水位过高在储罐收油过程中底水进入计量导向管。

4.2 改造计量导向管

对计量导向管进行改造，除了导向管下部开口外，导向管的上部也进行开孔，增加导向管内外油品的交换，达成导向管内外液位平衡一致；或者去除计量导向管，在内浮顶罐浮盘的检尺位置增加检尺口盖，计量操作时提开口盖，检尺结束时关闭口盖。

4.3 控制收油时入罐水量

储罐收油时，尽量避免油品带水入罐；如果必须带有大量明水入罐，条件允许的情况下，可以选择大容量储罐接收油品，避免小容量储罐大批量收油，以防造成事故发生。

5 结论

通过以上事故后，公司在储罐检修后均对计量导向管进行开设孔洞处理，避免了类似事故的继续发生。优化或改造后的储罐计量导向管除了减少了对储罐液位的影响，给计量管理工作带来了便利，还大大地降低了风险，保障了石油库的安全平稳运行。

（作者：陈茂喜，燃料油有限责任公司青岛仓储分公司，油品计量工，高级技师）

提高双峰 HDPE 浆液和粉料 MFR 测试稳定性和准确性的研究

◆ 张 强 张锋锋 王志丹 夏 妍 邱 阳

熔融指数（MFR）指树脂的熔体质量流动速率，反映树脂在加工过程中流动性好坏，是树脂牌号划分的重要指标之一。熔体质量流动速率大，表示树脂在熔融状态下流动性好，平均相对分子质量低，制品的力学强度也低；熔体质量流动速率小，表示树脂在熔融状态下流动性差，平均相对分子质量高，制品的力学强度也高。双峰型聚乙烯（HDPE）相对分子质量分布呈现一高一低两个峰，其中较高的相对分子质量部分为树脂提供高的物理机械强度，较低相对分子质量部分提供良好的流动性[1-3]，使树脂具有高强度的力学性能，同时兼具良好的加工性能。目前双峰型聚乙烯产品的应用很广泛，如薄膜、建材、管道、吹塑成型、注射成型用料以及电缆等领域。四川石化高密度聚乙烯装置采用德国 Lyondellbasell 公司 Hostalen 淤浆聚乙烯专利双釜聚合生产技术，生产的 PE100N 管材料具有优良的耐腐蚀和耐高压性能，深受市场的青睐[4-6]。

生产装置根据粉料的 MFR 及时调整生产工艺，控制产品的质量。四川石化开车期间发现 HDPE 粉料 MFR 与造粒后的粒料的 MFR 差异很大，粉料 MFR 分析结果也不稳定、重复性差，不能给生产装置提供真实、有效的分析数据，不能保障装置的平稳运行。需要找出粉料 MFR 分析结果重复性和准确度差的原因，并给出参考解决方案。

1 试验部分

1.1 仪器与试剂

CEAST6094 熔融指数仪，美国 Instron 公司；双螺杆同向挤出造粒机，成都晨光研究院；梅特勒分析天平；抗氧剂 1010（分析纯），市售；抗氧剂 168（分析纯），市售；100N 粉料和粒料，四川石化公司。

1.2 质量流动速率测试

使用标准样品［PE-T：(3.01±0.11) g/10min］，按照 JG 878—1994《熔体流动速率仪》对熔融指数仪工作状态进行检定。按照 GB/T 3682.1—2018《塑料 热塑性塑料熔体质量流动速率（MFR）和熔体体积流动速率（MVR）的测

定 第1部分：标准方法》规定进行试验，温度（190±0.5）℃，负荷5kg和21.6kg。造粒条件为螺杆转速88r/min，各加热段温度为100℃，180℃，230℃，250℃，250℃，250℃，250℃，230℃。

2 熔融指数差异性原因分析

表1为高密度聚乙烯100N粉料直接测试MFR的结果数据。从表1中可以看出，在生产规定的5kg和21.6kg试验条件下，粉料MFR相对标准偏差分别为13.77%与11.72%，且测试结果极不稳定。粉料与粒料的结果也相差非常大，达到了0.096g/10min，而100N树脂MFR在5kg负荷下的指标控制为（0.23±0.03）g/10min，因此直接测试粉料MFR，其结果不能有效反映粒料的真实MFR值，对装置的生产不能起到应有的指导。

表1 粉料MFR重复性及与粒料试验数据对比　　　　　　　　　　　　　　　　　　　　g/10min

试验条件	试验1	试验2	试验3	试验4	试验5	试验6	试验7	试验8	平均值	相对标准偏差，%	对应粒料MFR	平均值与粒料差值
5kg	0.287	0.312	0.391	0.345	0.269	0.275	0.361	0.302	0.318	13.77	0.222	0.096
21.6kg	6.98	7.41	9.95	8.56	7.86	7.61	8.26	7.36	8.00	11.72	5.96	2.04
FRR	24.32	23.75	25.45	24.81	29.22	27.67	22.88	24.37	25.31	8.36	26.71	-1.40

依照GB/T 3682.1—2018中有关精密度的要求，粉料MFR的重复性远超出了规定[7]。用现有标准样品［MFR/5kg：（3.01±0.11）g/10min］严格按照GB/T 3682.1—2018对熔融指数仪进行校准，标准样品PE-T MFR测试值均在合格范围以内，且仪器、人员间的误差非常小。由此可知影响误差的主要因素不是仪器与人员。

从表1中可以看出，粉料的MFR远大于粒料的MFR，且粉料MFR测试结果重复性特别差，说明粉料的流动性能明显优于粒料的流动性能，粉料相对分子质量分布特别不均匀。这是由于粉料未去活，且粉料比粒料少了抗氧剂与稳定剂，聚乙烯粉料在190℃高温下，迅速氧化降解生成相对分子质量低的聚乙烯。另外粉料中还有大量的低聚物，也是造成粉料熔指比粒料大的因素。

粉料在高温料筒中也存在氧化缩聚反应，随着在料筒内加热时间的增加，缩聚反应持续进行。测试粉料MFR时随测试时间的增加，每个测试段的MFR值不断减小，变化非常大，如表2所示。单个测量中最大值与最小值之差远超过平均值的15%，不符合GB/T 3682.1—2018规定的测量要求，应舍弃。而且整个测试过程中的相对标准偏差很大，与粒料的差值也比较大，重复性

表2 粉料（5kg）单次试验每个测试段结果　　　　　　　　　　　　　　　　　　　　g/10min

第1段	第2段	第3段	第4段	第5段	第6段	第7段	第8段	平均值	相对标准偏差，%	极差	平均值×15%
0.467	0.436	0.394	0.366	0.326	0.293	0.267	0.236	0.348	23.53	0.231	0.052

与准确度均不能满足生产的要求。这是由于降解与缩聚反应同时进行，以及相对分子质量分布不均匀影响，MFR忽大忽小，极其不稳定。

为了指导装置的平稳运行，给生产提供粉料稳定的MFR测试值，现对粉料采用不同的处理方法，比较测试结果。

3 结果与讨论

（1）向粉料添加0.3%1010和0.3%168抗氧剂混合均匀，直接测试粉料MFR。

由于100N粉料相对分子质量分布宽，粉末细，比表面积大，且含有大量的大分子物质以及低聚物，粉料与抗氧剂混合不均匀，在高温料筒中同时出现缩聚与降解反应，所以MFR测试值不稳定，如表3所示。虽然加0.3%1010和0.3%168复合抗氧剂，但MFR测试值相对标准偏差大，与粒料的差值也大，重复性差，对生产没有指导意义。

表3 0.3%1010和0.3%168粉料直接测试结果　　　　g/10min

试验条件	试验1	试验2	试验3	试验4	试验5	试验6	试验7	试验8	平均值	相对标准偏差,%	对应粒料MFR	平均值与粒料差值
5kg	0.316	0.342	0.387	0.289	0.277	0.304	0.256	0.264	0.304	14.34	0.222	0.082
21.6kg	7.28	8.46	9.61	7.12	6.85	6.54	5.62	5.81	7.16	18.57	5.96	1.20
FRR	23.04	24.74	24.83	24.64	24.73	21.51	21.95	22.01	23.43	6.22	26.71	-3.28

（2）未加抗氧剂的粉料经造粒后测试MFR。

从表4可以看出，造粒后的粉料相对标准偏差有所减少，与粒料的MFR也比较接近。生产装置的粉料在造粒前会经过流化床进行脱己烷及挥发物，除去大部分的大分子物质和低聚物。在造粒前未加抗氧剂，在造粒过程中会造成HDPE在高温环境中发生缩聚为主的反应，HDPE相对分子质量进一步增大，造粒后产品的MFR比装置生产出粒料的MFR值小。

（3）加0.18%1010和0.18%168复合抗氧剂共混挤出造粒后，测试MFR。

从表5可以看出双峰HDPE粉料加抗氧剂共混挤出造粒后，MFR测试值非常稳定，相对标准偏差只有0.74%，且与装置生产出的粒料的MFR非常接近。此方法对装置生产工艺的指导非常有效，可以及时反映装置生产工艺的变化，可以非常准确控制产品质量。

表4 未加抗氧剂粉料测试结果　　　　g/10min

试验条件	试验1	试验2	试验3	试验4	试验5	试验6	试验7	试验8	平均值	相对标准偏差,%	对应粒料熔指	平均值与粒料差值
5kg	0.165	0.135	0.149	0.142	0.158	0.155	0.161	0.134	0.150	7.90	0.222	-0.072
21.6kg	5.21	4.58	4.92	4.87	4.56	4.97	5.15	4.87	4.89	4.78	5.96	-1.07
FRR	31.58	33.93	33.02	34.30	28.86	32.06	31.99	36.34	32.76	6.76	26.71	6.05

表5 加0.18%1010和0.18%168复合抗氧剂挤出造粒后MFR值 g/10min

试验条件	试验1	试验2	试验3	试验4	试验5	试验6	试验7	试验8	平均值	相对标准偏差，%	对应粒料熔指	平均值与粒料差值
5kg	0.22	0.223	0.222	0.219	0.219	0.221	0.222	0.223	0.221	0.74	0.222	-0.001
21.6kg	5.87	5.88	5.94	5.93	5.88	5.88	6.03	6.02	5.93	1.09	5.96	-0.03
FRR	26.68	26.37	26.76	27.08	26.85	26.61	27.16	27.00	26.81	0.98	26.71	0.10

分析造粒后试样的每个测试段的结果如表6所示。3个试样每段MFR测试值均非常稳定，最大值与最小值之差符合GB/T 3682.1—2018规定的测量要求，且与装置生产的粒料的MFR值也很接近。结合表1至表6分析，双峰HDPE加合适的抗氧剂，经过挤出造粒共混后，抗氧剂有效地抑制了双峰HDPE在料筒中的氧化反应[8]，MFR测试值稳定，重复性好，可以真实有效反映装置双峰产品的MFR，对生产起到应有的监控作用。

表6 加抗氧剂挤出造粒后单次测MFR各段值 g/10min

试样编号	第1段	第2段	第3段	第4段	第5段	第6段	第7段	第8段	平均值	相对标准偏差，%	极差	平均值×15%
1	0.221	0.223	0.223	0.223	0.221	0.223	0.221	0.221	0.222	0.48	0.002	0.033
2	0.222	0.222	0.221	0.222	0.221	0.222	0.222	0.221	0.222	0.23	0.001	0.033
3	0.220	0.219	0.219	0.222	0.219	0.219	0.219	0.220	0.220	0.48	0.003	0.033

4 结论

（1）双峰HDPE粉料熔融指数测试值不稳定是由于粉料比表面积大，易与空气中的氧气接触，发生氧化反应。

（2）向粉料中添加0.18%抗氧剂1010和0.18%抗氧剂168，经过共混造粒后，抗氧剂与双峰HDPE充分混合均匀，避免了双峰HDPE测试过程中被氧化，MFR测试结果稳定、准确，可以有效指导装置的生产。

参考文献

[1] 柯敏静. 双峰聚乙烯的特点及其在包装上的应用[J]. 塑料包装, 2017, 27（4）：49-58.

[2] 姜妞, 徐梓航, 胡跃鑫, 等. 相对分子质量分布对双峰聚乙烯薄膜树脂性能的影响[J]. 中国塑料, 2019, 33（11）：12-17.

[3] 陈铭, 孙旭辉, 陆秋欢, 等. 双峰PE树脂的结构与性能[J]. 合成树脂及塑料, 2008, 25（3）：58-60.

[4] 黄强, 张凤波, 娄立娟, 等. PE100级

管材专用树脂的组成与流变性能[J].合成树脂及塑料,2015,32(4):73-76.

[5] 李红明,张明革,袁苑,等.双峰分子量分布聚乙烯的研发进展[J].高分子通报,2012(4):1-10.

[6] 鲁成祥,黄富,彭国峰,等.淤浆法乙烯聚合催化剂在聚乙烯管材专用料中的应用[J].石化技术与应用,2018,36(3):187-190.

[7] 潘江庆.抗氧剂在高分子领域的研究和应用[J].高分子通报,2002,2(1):57-65.

(作者:张强,四川石化质量检验中心,化工分析工,高级技师;张锋锋,四川石化化工三部,顺丁橡胶装置操作工,高级技师;王志丹,四川石化质量检验中心,化工分析工,高级技师;夏妍,四川石化质量检验中心,化工分析工,技师;邱阳,四川石化质量检验中心,化工分析工,高级技师)

乙烯装置脱乙烷塔采出管线堵塞探讨

◆ 姜 涛　陈 昌　刘羽中

吉林石化公司乙烯厂乙烯装置1996年9月建成投产，采用林德公司前脱乙烷的工艺技术，装置乙烯生产能力300kt/a。2001年，该装置进行了一期挖潜改造，增加一台乙烷炉，使乙烯装置生产能力在年操作8000h的条件下，可产乙烯380kt/a。2004年开始二期改造，乙烯生产能力达到700kt/a。该装置主要以石脑油、轻柴油、加氢裂化尾油、液化气为原料，经过高温裂解、急冷、压缩、分离等几道工序，生产乙烯、丙烯、裂解碳四、加氢汽油、乙炔、氢气等产品。

新区脱乙烷塔体为2004年二期改造700kt/a乙烯装置而设计，仍然采用高低压双塔脱乙烷。本文所述的脱乙烷塔为低压脱乙烷塔，设计为三股进料，塔压为2.6MPa，塔底再沸器以0.35MPa蒸汽为热源，塔顶气相通过冷凝器用丙烯、乙烯、乙烷冷凝，塔顶产品碳二组分作为高压脱乙烷塔和低压脱乙烷塔的回流，塔底采出碳三及塔三以上组分送入高压脱丙烷塔。

1　事件经过

2023年2月11日2时35分，乙烯装置裂解气压缩机跳车，系统恢复开车过程中，发现新区低压脱乙烷塔塔釜采出管线流量指示为零，仪表校验以后确认仪表无异常，初步判断管线堵塞，经工厂研究决定，新区分离工序停止进料，脱乙烷塔置换后清理塔底采出管线，乙烯装置负荷控制在136t/h（正常负荷为273t/h），2月12日管线处理通畅，乙烯装置新区开车，装置负荷恢复正常。

2　原因分析

2.1　碳三阻聚剂使用情况

2.1.1　助剂用途

用于乙烯装置新老区低压脱乙烷塔（T3802、T3812）、高低压脱丙烷塔（T5101、T5111），有效控制烯烃聚合，延长再沸器的运行周期，防止塔内结焦。碳三阻聚剂设计要求连续注入脱乙烷塔、脱丙烷塔系统。

2.1.2 助剂消耗情况

查工艺包碳三阻聚剂设计消耗定额为0.057kg/t。2020年7月至2021年年底使用的是某公司生产的碳三阻聚剂；自2022年1月开始更换使用新的碳三阻聚剂厂家，规格书消耗定额为≤0.12kg/t，对比上年度每月碳三阻聚剂消耗情况见表1。

表1 碳三阻聚剂消耗定额完成情况统计表

序号	三剂名称	单位	本月计划	消耗定额完成情况 本月完成			日期
				本月消耗定额实际	本月消耗量	本月产量（全产品）	
1	碳三阻聚剂	kg/t	0.120	0.14477170	9.398	64916	2022.1
2	碳三阻聚剂	kg/t	0.120	0.10808956	6.3	58285	2022.2
3	碳三阻聚剂	kg/t	0.120	0.13225353	8.1	61246	2022.3
4	碳三阻聚剂	kg/t	0.120	0.14216303	7.9	55570	2022.4
5	碳三阻聚剂	kg/t	0.120	0.15912463	8.9	55931	2022.5
6	碳三阻聚剂	kg/t	0.120	0.15749761	8.6	54604	2022.6
7	碳三阻聚剂	kg/t	0.120	0.17985896	10.891	60553	2022.7
8	碳三阻聚剂	kg/t	0.120	0.12578246	7.917	62942	2022.8
9	碳三阻聚剂	kg/t	0.120	0.12025633	7.45	61951	2022.9
10	碳三阻聚剂	kg/t	0.120	0.11538164	7.481	64837	2022.10
11	碳三阻聚剂	kg/t	0.120	0.12288564	7.65	62253	2022.11
12	碳三阻聚剂	kg/t	0.120	0.11872936	7.55	63590	2022.12
13	碳三阻聚剂	kg/t	0.120	0.09534287	5.956	62780	2023.1

从助剂消耗方面来看，不存在加注少的现象。

2.1.3 使用过程出现的问题

（1）2007年在更换阻聚剂过程中发生过两种不同阻聚剂发生聚合，影响阻聚剂平稳注入。

（2）2014年老区低压脱乙烷塔塔盘堵塞，导致系统运行异常。

（3）2016年新区低压脱乙烷塔塔盘堵塞，导致系统运行异常。

（4）2019年冬季与2020年冬季阻聚剂在加注过程中发生堵塞管道现象，严重时堵塞助剂泵，影响阻聚剂平稳注入。

（5）2020年6月份脱丁烷塔发生堵塞现象。

2.2 新区低压脱乙烷塔再沸器清理情况

2022年12月14日新区低压脱乙烷塔再沸器（北侧）停止运行，切除系统，开始蒸煮，检修打开封头未发现大块聚合物，只有少量聚合物，非常干净，且此台再沸器已运行12个月。

现场检修照片见图1、图2。

2.3 新区低压脱乙烷塔塔釜采出管线聚合物分析

新区低压脱乙烷塔塔釜采出管线检修过程采用顺向切割清理，发现整个管线均不畅通，堵塞严重。管线内聚合物送交研究院分析组分，经红外光谱测试分析结果见图3。

图1 新区脱乙烷塔再沸器（北侧）检修图片

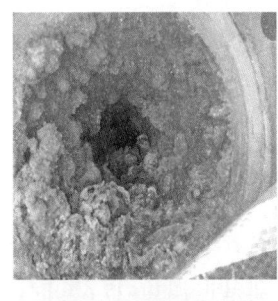
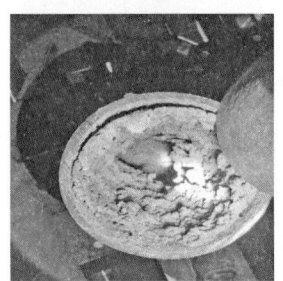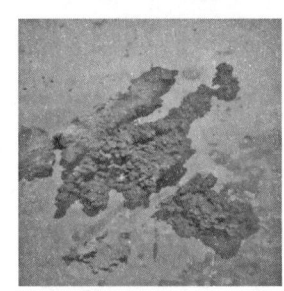

图2 新区脱乙烷塔塔釜采出管线检修图片

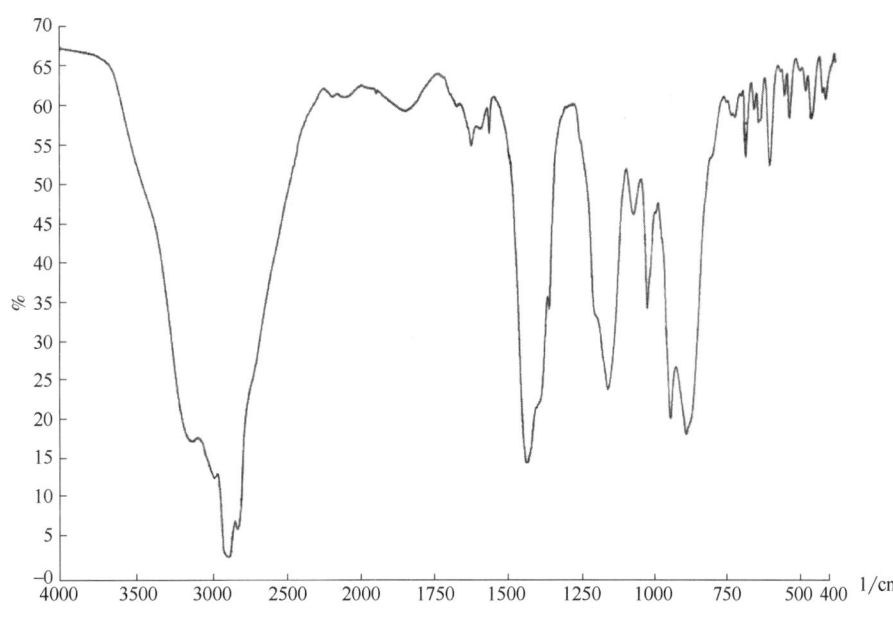

图3 新区脱乙烷塔塔釜采出管线内部聚合物红外光谱图

聚合物当中含有—CH₃、—CH₂—、C═C、—SO₃⁻、—NH—，还含有聚烯烃、聚二烯烃或二者共聚物，此外还有磺酸盐及含氮物质。

从现场严重堵塞照片来看，内部丁二烯聚合物是一个长期积累的过程。

2.3.1 丁二烯及其聚合物物化性质

丁二烯是具有共轭双键的最简单的二烯烃，在常温下为有芳香味、有毒的气体，是一种极易液化的无色气体，与空气可形成爆炸性混合气体。稍溶于水，易溶于丙酮、苯等有机溶剂，易聚合，有氧存在下更易聚合，其自聚物有丁二烯二聚物、橡胶状自聚物、丁二烯过氧化自聚物、丁二烯端基聚合物。

（1）丁二烯二聚物。丁二烯受热发生二聚反应，生成4-乙烯基环己烯。二聚物的生成不需要催化剂，也没有阻聚剂，反应速度仅取决于温度，为放热反应。常温下为油状液体，高温下变成油状聚合物，受热时具有高黏性，冷却后固化变硬，性脆，受力易碎。

（2）橡胶状自聚物。橡胶状自聚物是一种丁二烯的热聚合物，是丁二烯长链聚合物和支链聚合物的混合物，黑木耳状，有弹性。它的产生与系统中有害杂质、操作压力、温度、丁二烯浓度有关。温度越高，压力越高，丁二烯浓度越高，越易聚合。

（3）丁二烯过氧化自聚物。丁二烯在氧存在条件下易发生过氧化反应，形成过氧化物。丁二烯过氧化物发生自催化反应，迅速自聚生成丁二烯过氧化自聚物。丁二烯过氧化自聚物为浅黄色黏稠液体，易沉积于设备的死角处。它能分解产生活性自由基，引发端基聚合，生成米花状固体聚合物—端基聚合物（端聚物）。

（4）丁二烯端基聚合物。丁二烯端基聚合物是一种高度交联的树脂状聚合物。在纯度较高的丁二烯中形成的端聚物为无色、半透明的固体。如果系统不干净，聚合物常被铁锈、铁离子污染而呈深黄、深茶色或咖啡色。大块的丁二烯端聚物酷似爆米花，故称为米花状聚合物。

2.3.2 丁二烯聚合条件

氧、水和铁锈是丁二烯过氧化物产生的必要条件。除丁二烯二聚物外，丁二烯其他自聚物的产生都需要有氧的存在。在系统内的水、铁锈、铁离子的催化作用下，生成的过氧化物断裂产生自由基，发生自由基连锁聚合使链渐渐增长，并生成高交联度的块状聚合物。

有关研究表明，丁二烯自聚速度与温度成指数关系，特别是在温度27.6℃时出现拐点，丁二烯自聚将随温度升高而高速增长。因此，丁二烯的储运温度应低于30℃，丁二烯储存压力越高越易自聚，一般储存压力为0.2～0.3 MPa。

2.3.3 聚合物产生原因分析

（1）系统带入氧。装置长时间运行过程中，前部系统过滤器清理投用、换热器检修后切换投用、机泵检修后上线等操作过程中置换不彻底，易带入微量氧，引发丁二烯聚合；且装置改扩建以来新区开车已运行17年，此条管线未清理过，日积月累，在本次裂解气压缩机停车后物料停送，再次恢复开车投用过程中彻底堵塞。

（2）日常防聚堵管理排查不到位。从2020年初至2023年初，新区低压脱乙烷塔塔釜采出管线调节阀开度FV51501逐渐开大未引起重视。

3 防范措施

（1）严格控制新区低压脱乙烷塔塔釜温度不超过设计值。原塔设计温度为85.3℃，在日常调整过程中不要超过87℃，即使在灵敏板温度偏低的情况下，可以通过调整精馏塔进料流量、切换换热器的方法，也不要将低温控制超过87℃。

（2）保证碳三阻聚剂的正常注入量，与助剂厂家沟通保证其产品质量。尤其是在冬季偶尔会出现阻聚剂凝结的现象，在北方要确保阻聚剂管线伴热好用。每月要对阻聚剂泵进行流量标定，并且安排专人进行阻聚剂注入维护。

（3）严格控制进氧途径。依据丁二烯聚合机理，为切断氧进入系统途径，对机泵、换热器检修后投用操作进行规范：必须进行氮气置换，色谱分析氧含量低于0.2%（体积分数）方可投用。

（4）利用每个大检修期间对宜聚合设备管线进行清理，保证乙烯装置长周期运行。根据塔釜采出调节阀阀位开度来判断管线堵塞情况。将管线分段安装法兰，便于管线拆装清洗。

（作者：姜涛，吉林石化公司乙烯厂，乙烯装置操作工，高级技师；陈昌，吉林石化公司乙烯厂，工艺工程师；刘羽中，吉林石化公司乙烯厂，乙烯装置操作工，特级技师）

长输管道全自动焊环焊缝缺陷返修注意要点

◆ 牛连山 邵洪波 孟令晨

长输管道通常是指较长距离和较大压力输送油、气等介质的管道。截至2023年底，我国已建油气管道总长超过18×10^4km，其中天然气管道约11.8×10^4km，原油管道约3.2×10^4km，成品油管道约3.0×10^4km。2025年我国计划建设的长输管道总长将达到24×10^4km，其中天然气、原油、成品油管道里程数分别达到16.3×10^4km、4×10^4km、3.7×10^4km。

随着油气管道运输量和运输距离的不断增加，管道建设越来越多地使用了大口径（如1016mm、1219mm、1422mm）、高钢级（如X70、X80）的管线钢管。

长输管道输送距离长、环焊缝多、高强钢的焊接性差，焊接一次合格率低，焊接过程中任何1cm左右长度焊缝存在质量问题，都会对管道的正常输送和安全运行产生很大的影响。超标缺陷的存在对管道的使用寿命影响极大，焊缝的多次返修更加影响焊接接头性能。长输管道施工标准的技术规范中规定，同一部位的返修不得超过2次，否则必须切掉管口重新组对焊接，经济损失严重。因此焊缝返修是一个值得高度重视的课题。本文结合国内外长输管道施工现状及焊工培训情况，总结梳理了长输管道全自动焊环焊缝缺陷的种类及产生原因，严格遵守合理的焊接工艺参数，采取适当返修手段有效保证焊接返修的成功率，以便给管道全自动焊接及焊工培训等相关技术人员提供技术支持。

1 长输管道全自动焊环焊缝缺陷的种类及产生原因

焊接缺陷是在焊接接头中因焊接产生的金属不连续或连接不良的现象，超过规定限值的缺欠。

按缺陷存在的部位分为：内部缺陷和外部缺陷。缺陷主要包括：焊缝成形不符合要求、焊缝尺寸不符合要求，焊缝金属内部的气孔、夹渣、未焊透、未熔合、裂纹，以及焊缝表面和背部的焊瘤、烧穿、凹坑、气孔（表面）、裂纹等。

1.1 裂纹产生原因

裂纹见图1，产生原因有：

（1）管材质量不符合要求：管材杂质含量高、含碳量过高、化学成分不均、轧制质量不符合要求等。

（2）焊丝质量不符合要求。

（3）焊丝生锈。

（4）坡口及坡口两侧没按要求进行清理。

（5）送丝速度过快（焊接电流过大）。

（6）焊接速度过快、焊层太薄。

（7）焊接环境温度过低和湿度太大。

（8）预热温度和层间温度过低。

（9）强力组装或接头处受力过大。

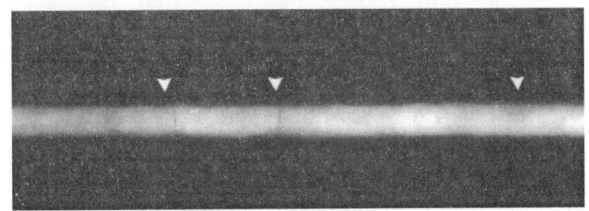

图1 裂纹缺陷

1.2 气孔产生原因

气孔见图2，产生原因有：

（1）焊丝生锈、受潮。

（2）坡口及坡口两侧存在油、锈、水分等污物。

（3）焊接环境风速大、温度过低和湿度太大。

（4）电弧电压过高、焊接速度过快。

（5）保护气体质量不符合要求，如含水分和杂质超标。

（6）保护气体流量不足或过大。

（7）气路被阻塞或有漏气现象。

（8）保护气体喷嘴尺寸太小或被飞溅阻塞、喷嘴距熔池过高、喷嘴没上紧等。

（9）焊枪角度不当。

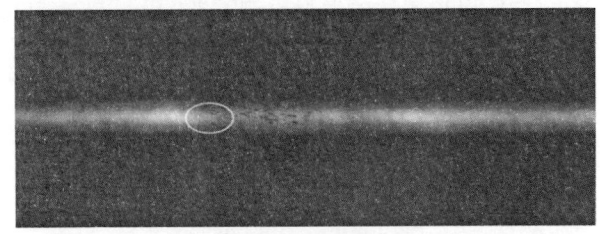

图2 气孔缺陷

1.3 夹渣产生原因

夹渣见图3，产生原因有：

（1）焊丝质量不符合要求。

（2）坡口及坡口两侧没按要求进行清理。

（3）送丝速度（焊接电流）过小或过大、焊接速度过快或过慢、电弧电压过低、焊丝摆动幅度过小或过大、焊层过厚等。

（4）焊道两侧停留时间不足。

（5）焊道两侧凹槽太深。

（6）层间清理不干净。

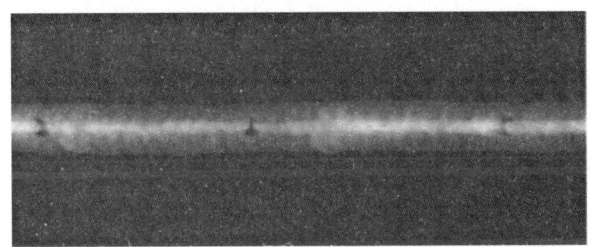

图3 夹渣缺陷

1.4 未焊透产生原因

未焊透见图4，产生原因有：

（1）焊丝不符合要求。

（2）坡口及坡口两侧没按要求进行清理。

（3）钝边过厚、坡口角度太小和错边过大。

（4）送丝速度（焊接电流）太小、焊接速度过快、干伸长度过长和电弧电压过高等。

（5）焊接过程中焊枪没有对准坡口中心。

(6) 热焊或内根焊电流过小。

(7) 保护气体的混合比例不当。

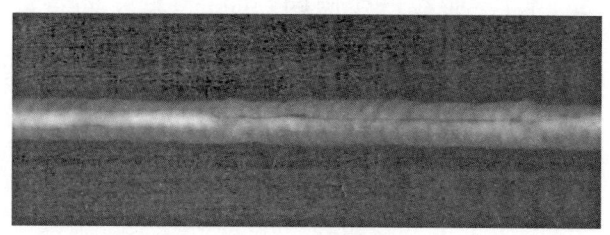

图 5 未熔合缺陷

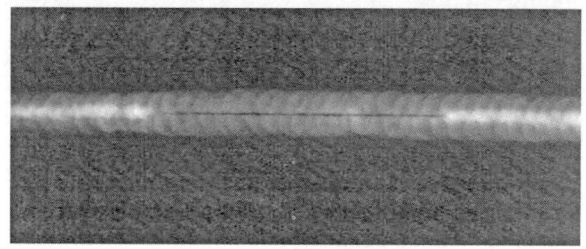

图 4 未焊透缺陷

1.5 未熔合产生原因

未熔合见图 5，产生原因有：

(1) 焊丝质量不符合要求。

(2) 坡口及坡口两侧没按要求进行清理。

(3) 由于坡口机刀头原因，加工内外坡口的尺寸不符合要求，钝边过厚（标准 1mm±0.5mm），内坡口角度过大（标准 37°±1.5°）。

(4) 预热温度不够。热焊层速度快，焊接参数调整过小，电压小熔深浅，热焊层热量不能熔化较厚的钝边。

(5) 内焊焊枪角度不当。内焊机操作时大盘旋转过程中有 8 个枪头工作，个别枪头发生偏离，行程不在内坡口中心。个别部位坡口过大，焊道宽度不能覆盖坡口。

(6) 内焊电压过大及焊丝干伸过长。

(7) 管壁厚度较大，且环境温度较低，也是产生未熔合的原因。填充、盖面焊接时枪头没有准确对中或枪头在焊接行程中自动跟踪不及时发生横向偏移，焊工操作不当，注意力不集中，而引起的焊道跑偏，出现层间未熔合。

1.6 咬边产生原因

咬边见图 6，产生原因有：

(1) 坡口两侧没按要求进行清理。

(2) 送丝速度（焊接电流）过大。

(3) 焊接速度过快或过慢。

(4) 干伸长度太短、电弧电压过高。

(5) 两侧停留时间不够。

(6) 焊枪角度不当。

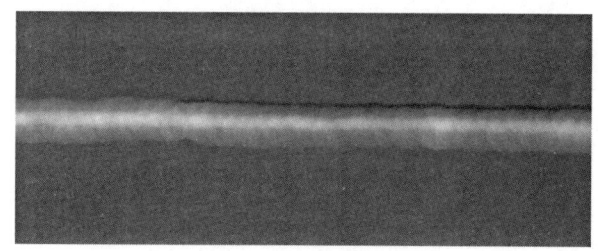

图 6 咬边缺陷

2 环焊缝缺陷返修要点

2.1 缺陷分析、定位、清除

(1) 当发现焊接接头存在标准不允许缺陷时，应进行分析，找出原因，制定措施后方可返修。

(2) 焊工应根据射线拍片及超声波检测结果，确定缺陷在焊道中的位置，检查无损检测标识方向，并复验尺寸做好标记。在管口边把缺陷的大小画好，在打磨时就有一个明确的目标，同时要确认缺陷在焊道层次的位置（根焊、热焊、填充焊、盖面焊）。

(3) 在返修根焊时打磨的坡口形状要与工艺

坡口形式相同，根据缺陷的形状、点数、长度进行打磨，直到缺陷打出为止。如果是根部缺陷，当打磨到离根部2mm时，应选用2mm的砂轮片打磨出根部间隙。在返修仰焊位置时，打磨根部产生的铁屑，都集中在根部间隙周围。有经验的焊工，可用焊条弯一个勾清理铁屑和其他杂物，防止焊接根部凹陷。

（4）在返修密集细小气孔缺陷时，打磨要仔细认真，打磨几下，观察一下，确定打磨到缺陷后再停止打磨。掌握返修打磨的技巧，分析缺陷的大小时，大的缺陷很容易发现，对于密集细小气孔和条状很细的夹渣、未熔合、内咬边，在打磨时很难发现，稍微不注意就打掉了。打磨时要十分小心，不要伤到母材，打磨的宽度要控制好，保证返修完的焊道基本与原始焊道保持一样的宽度。

2.2 缺陷返修的焊接

（1）缺陷清除前的预热。在常规情况下返修的预热是在缺陷被清除后，焊接前进行预热。但如果高强钢在高寒的环境条件下，在缺陷清除前就应该进行预热。缺陷清除前进行预热的目的是使返修处于微正压状态，使返修处的焊接接头的塑性、韧性得到改善，以有效防止在缺陷的清除过程中造成焊道开裂。

（2）焊接前的预热。预热温度应控制在100～150℃之间。不论返修焊缝多长，均应将环焊缝全长均匀加热，加热宽度不应小于150mm。预热可以使用中频感应加热器，或环形火焰加热器。

（3）在返修根焊时，根据间隙大小选择焊条或氩弧焊修补，如果返修打磨时间过长，管材温度降低，很容易引起裂纹，须对返修位置重新加热，防止产生裂纹。

（4）焊接工艺参数选定，在返修根部焊道时，间隙略有增大，焊接电流适当减小，接头引弧处很容易产生夹渣、裂纹，返修焊工应引起注意。

（5）在返修过程中，要注意时间、温差、气候、光线的影响。例如，在夜间返修，照明光线不好，小密集气孔和未熔合是很难发现的；在温差较大时，管口内的气压与外界不一样，在返修时，容易造成往里吸气，向外吹气现象，造成根焊困难。

（6）返修管底与地面高度的要求，管底距离地面500mm左右，保持一定的操作空间，以免影响焊工的操作。

2.3 返修的基本要求

（1）同一焊口的返修次数不得超过2次，发现有裂纹焊缝不允许返修。返修焊工一定要认真仔细，避免割口。

（2）焊缝的返修必须制订具有针对性的返修工艺，由具有返修资格的焊工焊接，并应在质量员和监理的监督下进行。

（3）认真做到"三检"，即自检、专检、互检，确保返修的一次合格质量。

（4）返修完成后应重新进行外观检查和无损检测。

3 结论

（1）环焊缝缺陷彻底清除是返修焊缝一次成功的关键。

（2）预热和焊后保温是保证返修成功的重要因素。

（3）缺陷位置较深时，采取多层多道填充盖面焊接，能减少横向收缩应力。采用机械设备配合返修，可以有效避免裂纹产生。

（4）应选择合理的返修焊接工艺。

（5）返修焊工一定要持有返修资格证，有过硬的技术、丰富的经验、较强的责任心，才能保证较高的返修合格率。

（作者：牛连山，管道局研究院，焊工，首席技师；邵洪波，管道局二公司，焊工，首席技师；孟令晨，管道局机械公司，焊工，高级技师）

降低 BH550 状态监测范围内轴承电动机月故障率的措施

◆ 赵新

某企业为热电联产型发电厂，主要承担着公司各生产装置蒸汽、电力、除盐水的平稳供给任务，同时还为居民生活用电和供暖提供保障。电动机作为该企业的基本生产单元，其月故障率越高，说明安全生产隐患越严重，会直接影响装置的安全平稳运行，进一步影响汽、电负荷的平稳供给。因此，降低电动机月故障率的工作刻不容缓。基于 BH550 状态检测、频谱诊断分析先进技术的应用，将以往传统的电动机三定检修模式逐步推向电动机预知性检修模式是企业未来发展的趋势。通过完善 BH550 状态监测手段、完善频谱诊断技术应用，并严格落实执行在日常工作中，使 BH550 状态监测范围内轴承电动机月故障率大幅度下降，确保企业的安全平稳生产。

1 电动机故障问题现状

该企业有高低压电动机合计 1056 台，其中直接影响生产的主要电动机有 240 台，电动机维护数量多、长周期运行、投入资金大、人力多、故障率偏高。仅以传统的电动机运行生命周期为基础的三定检修工作不能做到提前发现缺陷隐患，不能做到预知性电动机检修，电动机检修工作实效性差。

企业要求电动机月故障率≤5.0%，实际故障率为 5.6%，大于企业要求的指标。抽查 54 次电动机故障情况，其中机械部分故障 30 次，占比达 55.6%，是主要问题，对主要问题进一步细化分层找到主要问题的症结为：电动机轴承故障占比 46.7%，端盖故障占比 33.3%，合计占比 80.0%。

2 电动机故障问题解决思路

针对电动机轴承故障、端盖故障这个症结，提出解决问题的思路如下：

（1）完善 BH550 状态监测手段。

通过评审电动机所属类别、建立 BH550 监测数据库、规定 BH550 状态监测频次、制定 BH550 状态监测点标准，落实执行具体工作中，使 BH550 状态监测手段 100% 完善。

（2）完善频谱诊断技术应用。

对全厂主要电动机落实执行频谱诊断技术工作职责，并加强频谱诊断技术应用学习，频谱诊断技术在电动机异常振动情况下应用覆盖率达95%。

3 具体实施办法

3.1 BH550状态监测手段完善

3.1.1 评审电动机所属类别

根据电动机所在工艺流程中的关键程度，及时评审电动机所属类别，参考《公司电气设备检维修策略指导意见》，将热电部辖区内主要高、低压电动机分为A、B1、B2、B3、C、D六大类，见图1。

3.1.2 建立BH550状态监测后台上位机数据库

根据评审过的电动机所属类别，对热电部BH550状态监测范围内的所有电动机进行后台上位机组态，见图2。

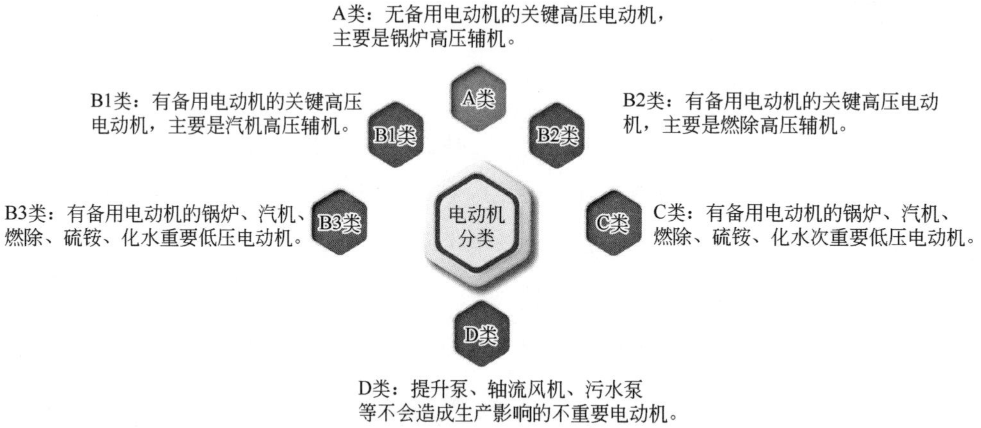

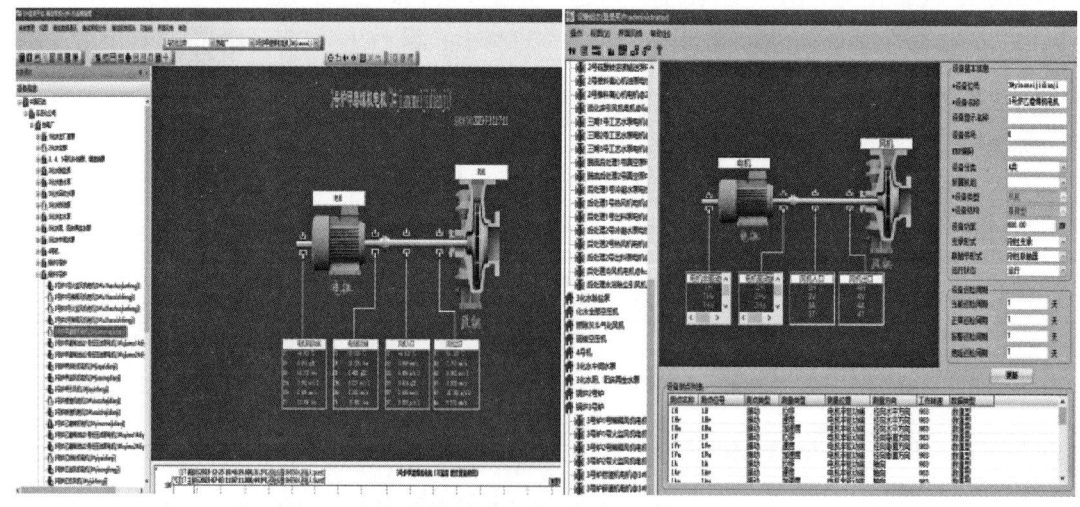

图1 全厂主要电动机所属类别框架图

图2 热电部BH550状态监测后台上位机组态数据库

3.1.3 规定 BH550 状态监测频次

根据电动机所属设备分类，制定与其相对应的 BH550 状态监测频次规定，见表1。

表1 BH550 状态监测频次计划表

热电部月度主要电动机巡检工作安排				
巡检类别	第一周	第二周	第三周	第四周
BH550 状态监测（常态监测）	A类、B1类、B2类	A类、B3类、C类	A类、B1类、B2类	A类、B3类、C类
BH550 状态监测（异常监测）	D类	D类	D类	D类

3.1.4 制定 BH550 状态监测点标准

制定具体的 BH550 状态监测点标准，以便提高人员采集原始数据的能力，同时采集数据有效。详见图3：

3.1.5 落实执行具体工作

统计2023年9—12月技术人员现场BH550状态监测采集巡检范围内各类电动机合计1289台次，详见统计表2，BH550巡检范围内电动机覆盖率100%。为异常振动故障情况下，进一步频谱振动分析提供有力的数据支持。

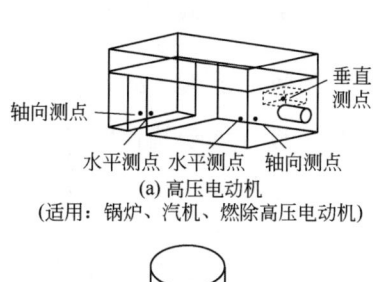
(a) 高压电动机
(适用：锅炉、汽机、燃除高压电动机)

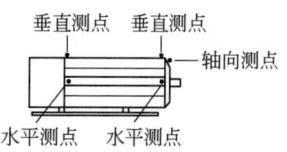
(b) (卧式)低压电动机
(适用：进线电源侧右进线电机)

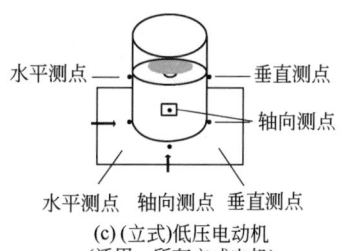
(c) (立式)低压电动机
(适用：所有立式电机)

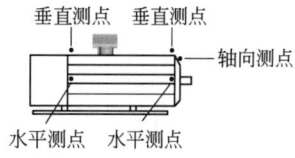
(d) (卧式)低压电动机
(适用：进线电源上进线电机)

图3 BH550 状态监测点标准

表2 2023年9月至12月BH550状态监测电动机数量统计表 台

电动机类型\月份	9月	10月	11月	12月	总计
A类	93	101	120	110	424
B1类	8	8	10	11	37
B2类	10	12	11	10	43
B3类	80	87	82	85	334
C类	110	102	103	105	420
D类	9	10	11	10	40
合计	310	320	337	331	1298

3.2 频谱诊断技术应用完善

3.2.1 落实电动机频谱诊断技术工作职责

为确保频谱诊断技术应用工作思路清晰、开展顺利，经过讨论评审，特制定以下工作职责，见图4。

3.2.2 加强频谱诊断技术应用学习

为了使频谱诊断技术应用在实际工作中，发挥更大的作用，定期组织对BH550厂家频谱诊断分析案例集、公司设检院频谱诊断案例集、各兄弟单位频谱诊断案例集等进行广泛、深入的交流和学习，小组成员频谱诊断分析技术整体较以前有进步，部分人员进步十分突出。

图4 电动机频谱诊断技术工作职责框架图

3.2.3 频谱诊断技术在实际工作中的应用

由表2得知，2023年9—12月期间BH550状态监测采集巡检范围内各类电动机合计1289台次，进一步调查这4个月1289台次BH550状态监测中异常振动电动机合计30台次，其中29台次应用了频谱诊断分析技术并有效处理故障，见表3。

表3 2023年9—12月BH550状态监测异常情况统计表   台

异常情况＼月份	9月	10月	11月	12月	总计
合计	310	320	337	331	1298
异常振动	9	8	8	5	30
频谱诊断	9	8	8	4	29

其中，具备预知性检修条件的电动机出具了详细的频谱诊断分析报告，正确指导预知性检修，电动机检修完毕正式交付工艺运行后追踪检查验证所有频谱诊断分析报告结论完全正确，闭环报告。

由表3中统计数据计算得：频谱诊断技术应用覆盖率=29/30×100%=96.7%。

4 实施效果

通过实施，对2023年9—12月电动机故障数量进行调查统计和计算，进一步确认实施效果，见表4。

表4 实施后2023年9—12月电动机月故障率调查统计表

月份	9	10	11	12	平均值
故障数量，台	8	10	6	10	8.5
故障率，%	3.3	4.2	2.5	4.2	3.6

结合实施前相同时间段的调查统计，见表5。

表5 实施前2022年9—12月电动机月故障率调查统计表

月份	9	10	11	12	平均值
故障数量，台	11	13	14	16	13.5
故障率，%	4.5	5.4	5.8	6.7	5.6

由表4、表5可以得出实施效果确认柱状图如图5所示。

从实施效果确认图5可以看出，电动机月故障率由实施前的5.6%降低到实施后的

3.6%，比企业要求的指标5.0%低2.0%，实施效果显著。

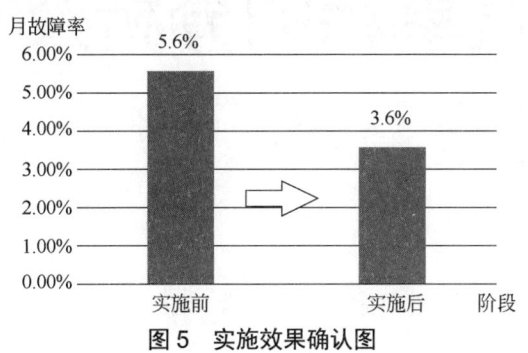

图5 实施效果确认图

5 结束语

基于BH550状态检测、频谱诊断分析先进技术的应用，将以往传统的电动机三定检修模式逐步推向电动机预知性检修模式，极大地提高了电动机检修工作的实效性。通过完善BH550监测手段、频谱诊断技术应用，并严格落实执行在日常工作中，使BH550状态监测范围内轴承电动机月故障率大幅度下降，确保了安全平稳生产。同时，将频谱诊断技术分析报告进行整理汇总，其中典型频谱诊断案例转化为成果在企业内部、行业技术交流大会中发布，兄弟单位可以借鉴和推广，为今后进行有效的预知性检修模式打下了坚实的基础。

（作者：赵新，乌鲁木齐石化热电部，电气检修工，技师）

降低丁二烯中压蒸汽单耗的分析及优化措施

◆吴 茜 高鹏达 龚 悦 蒲洪伟 张 燕

1 蒸汽流程简述

界区来中压过热蒸汽，压力 1.0～1.15MPa，通过压力调节阀控制压力保持在 0.92MPa。一股中压蒸汽通过减温加湿器 20-ME-600 对中压蒸汽进行减温加湿，防止中压蒸汽温度过高，对系统操作不利，供脱气塔再沸器和溶剂再生釜抽真空使用。另一股中压蒸汽通过减压减温器 20-ME-602 得到 0.6MPa 蒸汽，为预脱气换热器提供热源。流程简图见图 1。

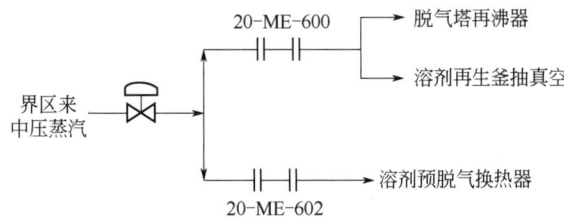

图 1 蒸汽流程简图

2 降低中压蒸汽用量的意义及现状

2.1 降低中压蒸汽单耗的意义

节能降耗是贯彻落实科学发展观、构建社会主义和谐社会的重大举措，也是建设资源节约型、环境友好型社会的必然选择，更是可持续发展的必然选择。丁二烯装置能耗一直较高，降低装置中压蒸汽单耗不仅可以直接降低装置能耗，也可减少循环水使用量，降低生产成本，还可减少废水排放，促进绿色低碳生产。降低装置中压蒸汽单耗对加快公司节能降耗和提质增效进程有重要意义。

2.2 现状

从丁二烯装置 2021 年和 2022 年技术年报中可以看到，2021 年丁二烯产品产量为 37052t，同年中压蒸汽使用量为 69943t；2022 年丁二烯产品产量为 36614t，同年中压蒸汽使用量为 73009t。由年报数据可得到 2021 年的中压蒸汽单耗约为 69943/37052=1.89t/t；2022 年的中压蒸汽单耗约为 73009/36614=1.994t/t。

3 影响中压蒸汽用量的主要因素

3.1 主洗塔溶剂比

由于溶剂预脱气换热器设定温度基本保持

在108℃不变，即溶剂进出料温差基本保持不变，根据能量守恒定律，在负荷一定的情况下，溶剂预脱气换热器中压蒸汽用量的大小与溶剂大循环的溶剂量有关，溶剂大循环的溶剂量越小，所需要的中压蒸汽量越少。主洗塔的溶剂比为9.5～13.5 kg/kg，后洗塔的溶剂比为1.9～3.1kg/kg，主洗塔的溶剂比约为后洗塔的4～5倍，因而溶剂大循环的溶剂量主要取决于主洗塔溶剂比的大小。

3.2 脱气塔再沸器

查看2021年和2022年的脱气塔再沸器中压蒸汽用量和装置中压蒸汽总用量，可估算出脱气塔再沸器中压蒸汽用量占总中压蒸汽用量的百分比，约为85%。由此可见，脱气塔再沸器为装置中压蒸汽的最大用户。影响脱气塔再沸器中压蒸汽用量的因素见表1。

表1 影响脱气塔再沸器中压蒸汽用量的因素及原因分析

序号	影响因素	原因分析	确认结果
1	主洗塔溶剂比大小	抽余碳四中1,3-丁二烯的含量指标为≤0.0060%，操作中为了保证抽余碳四的质量，必须保持较高的溶剂比，增加了装置的蒸汽耗量	主要原因
2	脱气塔塔侧线采出温度	侧线采出温度DCS设定值固定在128～129℃，一般不做调整	非主要原因
3	界区中压蒸汽MS压力	中压蒸汽压力，上游供给稳定，一般不变动	非主要原因

3.3 再生釜抽真空阀位

正常操作情况下，因内操操作习惯不同，溶剂再生釜的抽真空阀的操作阀位在3%～75%。溶剂再生釜中压蒸汽用量随抽真空调节阀阀位的增大而增大，较大的阀位是造成中压蒸汽耗量大的原因。

由以上分析可得出，在负荷一定的情况下，影响中压蒸汽用量的主要因素为主洗塔溶剂比和再生釜抽真空阀位。

4 降低中压蒸汽用量的措施

4.1 修订抽余碳四中1,3-丁二烯指标

丁二烯装置抽余碳四可随富炔碳四外送炔烃加氢装置，也可根据生产运行部安排，并入新区剩余碳四外送。目前抽余碳四并入富炔碳四，与富炔碳四一起外送炔烃加氢装置。富炔碳四中1,3-丁二烯的含量指标为≤15%，外送剩余碳四中1,3-丁二烯的含量指标为≤0.05%，而抽余碳四中1,3-丁二烯的含量指标为≤0.0060%，严重的质量过剩。实际操作中为了保证抽余碳四的质量，必须保持较高的溶剂比，较大的溶剂量使装置中压蒸汽耗量增加，不利于装置节能降耗。为此对抽余碳四中1,3-丁二烯指标进行修订，参照外送剩余碳四中1,3-丁二烯指标要求（≤0.05%）控制，将抽余碳四中1,3-丁二烯指标修订为≤0.05%。

4.2 降低主洗塔溶剂比

在满足装置热能需要和产品合格的前提下，逐步降低主洗塔的溶剂比，即可降低溶剂大循环的溶剂量，进而降低溶剂预脱气换热器和脱气塔再沸器的中压蒸汽消耗量，降低装置能耗。但主洗塔溶剂比过低会造成抽余碳四中1,3-丁二烯含量过高，影响抽余碳四质量，同时降低主洗塔溶剂比会降低粗丁质量，影响产品丁二烯纯度。逐步降低主洗塔溶剂比后，查看化验分析见表2。

表2 降低溶剂比后抽余碳四和产品中1,3-丁二烯分析结果

时间	溶剂比	抽余碳四中1,3-丁二烯分析结果	产品中1,3-丁二烯分析结果
2022年5月2日	11.1	0.0016%	99.99%
2022年5月7日	11.0	0.0036%	99.95%

续表

时间	溶剂比	抽余碳四中1,3-丁二烯分析结果	产品中1,3-丁二烯分析结果
2022年5月21日	10.3	0.0087%	99.80%
2022年6月4日	10.2	0.0021%	99.87%
2022年6月18日	10.4	<0.0005%	99.91%
2022年7月2日	10.5	<0.0005%	99.86%

由表2可知，降低主洗塔溶剂比后，抽余碳四中1,3-丁二烯含量变化不大，最大值0.0087%，最小值<0.0005%，满足抽余碳四中1,3-丁二烯指标≤0.05%的要求。产品中1,3-丁二烯纯度变化也不大，最大值99.99%，最小值99.80%，满足产品中1,3-丁二烯指标≥99.3%的要求。

4.3 降低再生釜抽真空调节阀阀位

溶剂再生系统中压蒸汽用于再生釜抽真空，抽真空阀平均阀位由2022年6月份的30%降低到9月份的5%，中压蒸汽耗量减少，真空度变化不大。溶剂再生釜抽真空阀位的大小对真空度的影响见表3。

表3 再生釜抽真空调节阀阀位对真空度的影响

时间	平均阀位	平均真空度
2022年6月	30%	3.6 kPaAb
2022年7月	20%	3.8 kPaAb
2022年8月	10%	3.8 kPaAb
2022年9月	5%	3.7 kPaAb

经过反复操作验证测试，再生釜抽真空阀控制在0~10%比较合适，超过10%会造成中压蒸汽浪费。

5 效益核算

5.1 经济效益核算

5.1.1 减少中压蒸汽产生的效益

降低主洗塔溶剂比及降低再生釜抽真空阀阀位后，中压蒸汽单耗下降明显，中压蒸汽单耗对比见表4。

表4 措施实施前后中压蒸汽单耗对比

时间	平均溶剂比	丁二烯产品产量,t	中压蒸汽耗量,t	中压蒸汽单耗,t/t
2022年1~12月	10.8	36614	73009	1.994
2023年1~10月	10.2	31522	56949	1.806

由表中可以得出：2023年中压蒸汽单耗为1.806t/t，相比2022年中压蒸汽单耗1.994t/t降低了19%，即0.188t/t。中压蒸汽单价为160元/t，因此降低溶剂比后每生产1t丁二烯所产生的经济效益为160×0.188=30元，1—10月份的1,3-丁二烯产品产量为31522.27t，1—10月份产生的经济效益为31522.27×30=945668.1元。

5.1.2 减少循环水产生的效益

降低溶剂比和溶剂再生釜抽真空阀位后，相应的溶剂冷却器20-E-200和20-E-502的循环水量会降低。以负合8000kg/h来计算1—10月份20-E-200节省循环水量，共节省44009t，循环水单价为0.3元/t，1—10月份产生的经济效益为0.3×44009=13202.7元。

5.2 环保效益测算

在负荷一定、溶剂比一定的条件下，降低溶剂再生釜抽真空阀位，装置中压蒸汽总用量减少约100kg/h，即溶剂再生釜抽真空中压蒸汽用量降低100kg/h。而溶剂再生釜抽真空后的含油废水由喷射器密封罐排放至地下排放系统，送工业水处理。因此降低溶剂再生釜抽真空阀位后，废水排放对应减少100kg/h，全年废水排放量减少876t。节约中压蒸汽用量的同时减少了废水排放，具有一定的环保效益。

6 结语

通过降低主洗塔溶剂比和调小溶剂再生釜抽真空阀位，在保障产品质量的同时，降低了中压蒸汽单耗，减少了装置能耗，给装置带来经济效益的同时，也带来了环保效益，实现了提质增效与环境保护的双重目标。

（作者：吴茜，独山子石化公司乙烯二部，乙烯装置操作工，技师；高鹏达，独山子石化乙烯二部，乙烯装置操作工，高级技师；龚悦，独山子石化公司乙烯二部，助理工程师；蒲洪伟，独山子石化公司乙烯二部，乙烯装置操作工，技师；张燕，独山子石化公司乙烯二部，乙烯装置操作工，资深技师）

螺旋推进器密封与轴保护改造

◆ 岳景春 冯春 高杨 黄东晖 张帅

在化工生产过程中,设备的密封性能对于保障生产安全和提高设备运行效率至关重要。密封性能不足会导致物料泄漏,进而影响设备稳定性,甚至引发安全事故。因此,探讨化工设备的密封方式及其改进措施,对于延长设备运行周期和提升设备可靠性具有重要意义。本文基于作者在化工设备维护方面的实践经验,对化工设备的密封方式进行了深入探讨。

1 研究背景

辽阳石化某装置年生产量达 $12×10^4$ t,其中螺旋推进器作为关键输送设备,其密封性能直接关系装置的稳定运行。螺旋推进器由螺旋轴和外壳组成,通过螺旋轴的旋转,物料在离心力和摩擦力的作用下沿螺旋线移动。然而,由于物料堆积导致的故障频发,使得装置频繁停车,给设备的稳定运行和维护工作带来了诸多挑战。频繁的检修不仅增加了人力成本,还导致了大量设备备件的消耗,从而增加了运营成本。鉴于此,本文提出通过设计改造来提升设备的运转周期和各部件的使用寿命。

2 现状分析

2.1 设计问题

螺旋推进器的填料密封外壳长度约为100mm,由于设备结构紧凑,更换填料密封和双端轴承极为困难。单填料密封形式在使用过程中,由于挤压和振动,易导致填料密封与转子之间发生干摩擦,进而引起转子严重磨损和密封间隙增大,导致物料泄漏,加速密封和轴的磨损,甚至造成轴承损坏和转子弯曲变形。

2.2 工艺影响

在高温150℃的工艺条件下,乙二酸粉末可能结晶,结晶后的物料附着在转子上,导致转子与端板之间的摩擦,进而造成转子损伤,严重时可导致转子断裂(图1)。

2.3 密封缺陷

原始密封设计采用单根填料密封,无法有效密封己二酸粉末,导致粉末泄漏进入轴承箱,直接损坏轴承,严重时可导致轴承散架或轴断裂,给装置运行带来极大隐患(图2、图3)。

图 1 设备现场实况

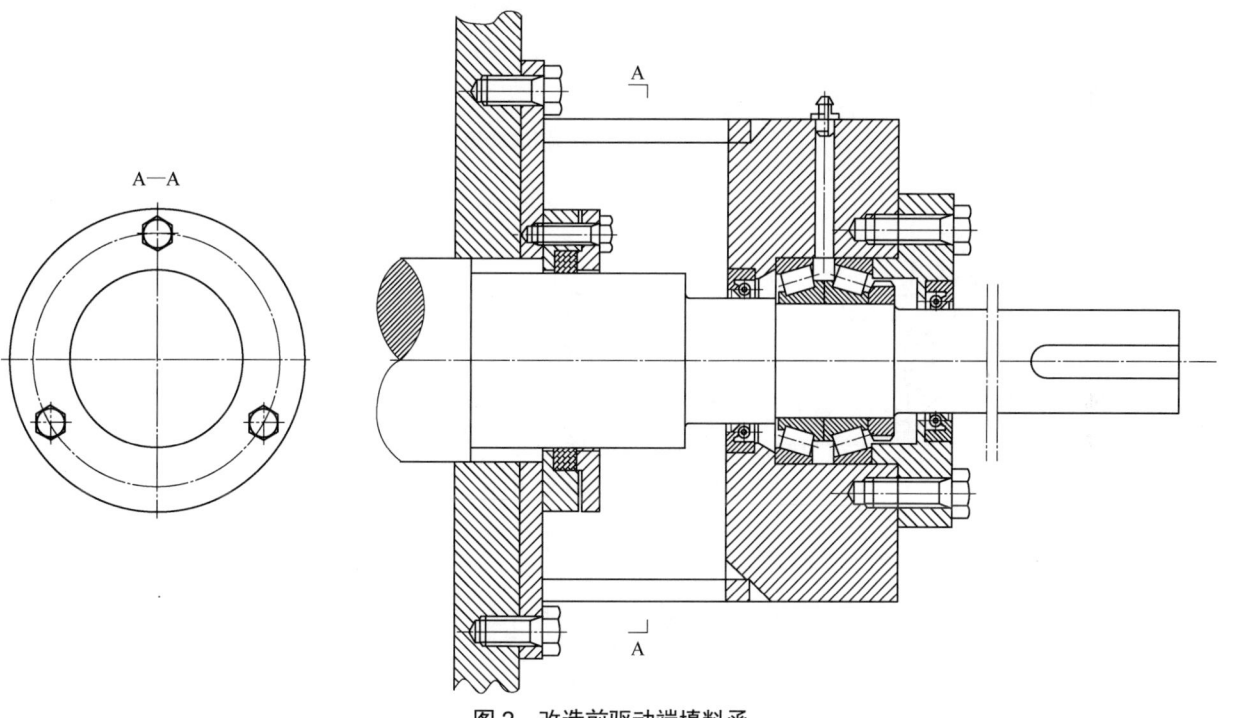

图 2 改造前驱动端填料函

3 改进措施

针对上述问题,通过现场实际测量,以不改变原始设备尺寸为前提,重新设计改造方案(图 4、图 5)。

3.1 增设轴套

在轴与端板之间增设轴套,有效保护轴不受端板磨损,并吸收和分散机械设备运行中的振动和冲击力,保护轴径填料密封处不受损坏,同时避免转子长时间处于高温、高压环境下的损害。

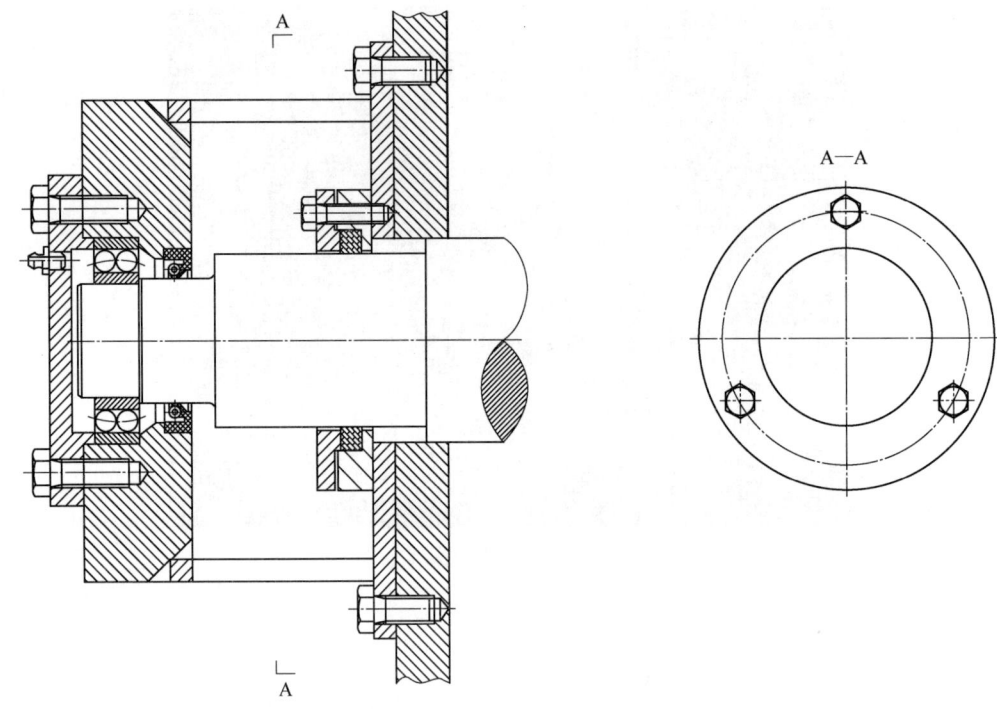

图 3 改造前非驱动端填料函

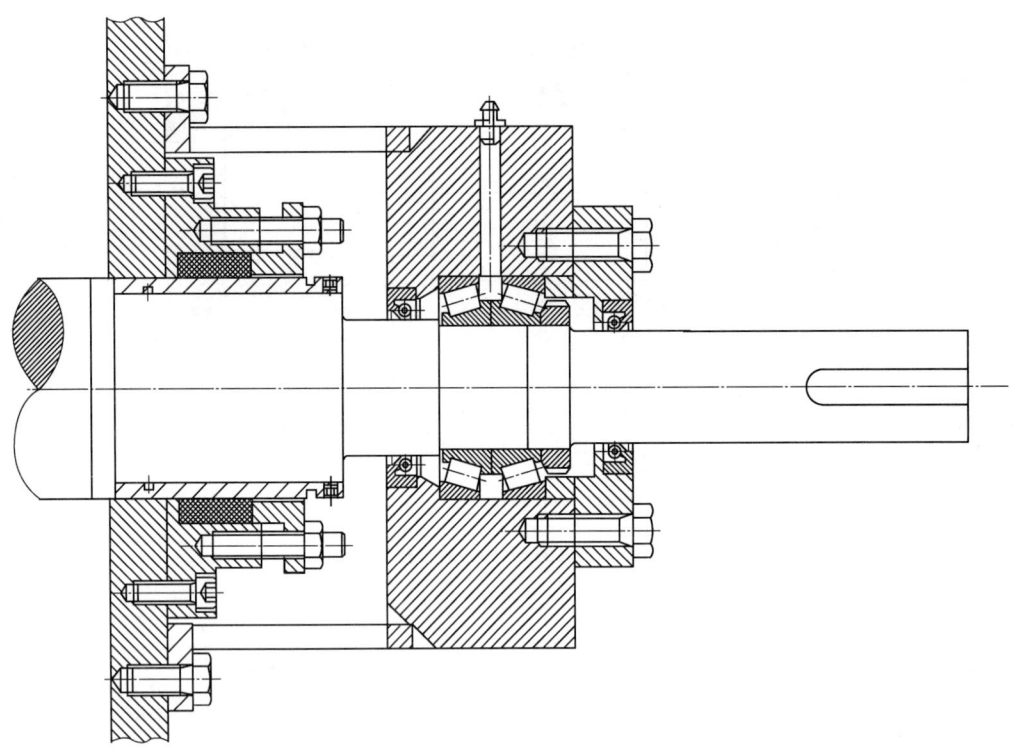

图 4 改造后驱动端填料函

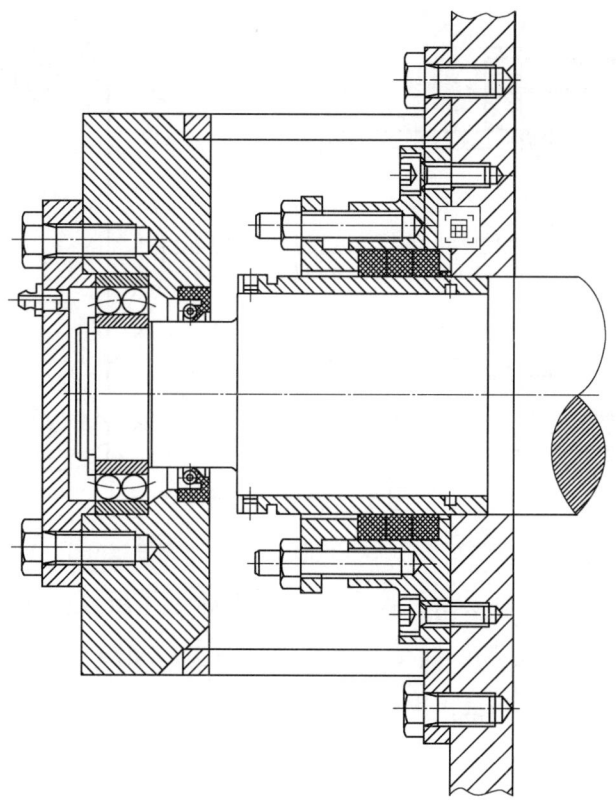

图 5 改造后非驱动端填料函

3.2 增加 O 形环

在轴与轴套之间增加 O 形环,确保轴与轴套之间的密封性。

3.3 密封改进

将单道填料密封改进为三道,以实现更好的密封效果。选用具有高耐磨性和耐腐蚀性的材料,通过压缩密封材料产生塑性变形,阻断泄漏通道。

3.4 轴套固定

在轴套上设计两个对称的顶丝,确保轴套在轴向和径向的固定性。

3.5 轴套拆卸

在轴套外圈加工沟槽,尺寸为宽 4.5mm、深 3mm,便于检修时拆卸,并设计专用工具,显著减少工作量(图 6)。

4 效果评估

通过技术改进,设备运行周期由原来的每三个月检修一次延长至一年检修一次,显著提升了设备运转时长,降低了人工成本,并节约了备品备件费用 50 余万元。改造后的安装方式在生产应用中取得了成功。

综上所述,优化化工设备的密封方法能够显著提升设备的平稳高效运行。通过定期清洁和维护保养,设备能够实现更稳定的长周期运行,为企业带来更大的经济效益。

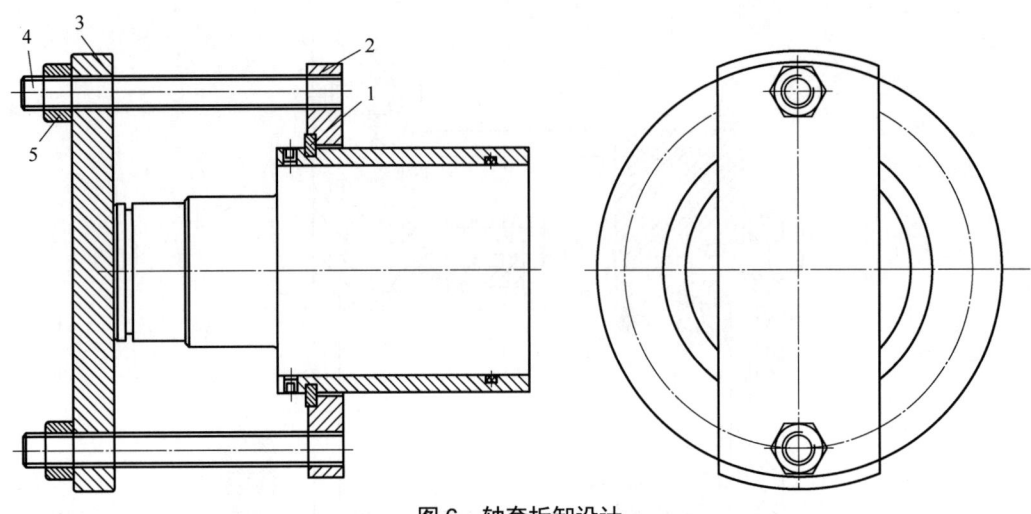

图 6 轴套拆卸设计

(作者:岳景春,辽阳石化建修公司,钳工,高级技师;冯春,辽阳石化建修公司,钳工,技师;高杨,辽阳石化建修公司,钳工,中级工;黄东晖,辽阳石化建修公司,钳工,技师;张帅,辽阳石化建修公司,钳工,高级工)

注水泵智能管控系统装置的研制及应用

◆ 姚江龙　李　兵

　　注水采油是提高油田原油采收率的重要方法之一。通过注水，可以填补原油采出后的地下空洞，维持地层压力。注水泵作为注水系统的核心设备，是注水生产过程的动力源。然而，随着油田开发进入中后期，水压力持续上升，回注水量不断增加，导致注水泵出现多种机械故障，频繁维修、泵效低下、能耗高，成为企业降本增效的主要难题。为解决这一问题，本研究提出采用物联网和传感器技术对注水泵进行实时监控和评估。通过这种方式，可以实时获得工作状态和故障预警，远程通知操作员，从而降低人力需求并及时采取有效措施减少故障损害。随着油田改革的推进，减少专职操作工的趋势要求提高管理效率，智能管控系统的研究与应用对保障注水工作的平稳有着重要意义。

1　注水泵的管理现状

1.1　注水泵结构及工作原理

　　注水泵主要由动力端和液力端两部分组成。动力端包括电动机、齿轮、轴承、曲轴等部件，用于提供动力。液力端包括曲柄连杆机构、柱塞组件、动静密封、进排液阀等部件，用于转化机械能为液体的压能。

　　工作原理如下：首先，电动机的旋转运动通过曲柄连杆机构转变为柱塞的往复运动。然后，柱塞的往复运动将机械能转化为液体的压能。曲柄旋转一周，柱塞往复运动一次，完成一次进排液过程。随着曲柄的不断转动，进排液过程不断循环。

1.2　注水泵现场管理及故障统计分析

　　冀东油田某下属单位的注水流程如图1所示，现有注水泵49台。目前，该区对注水泵的维护和管理主要采用了点检、巡检和定期预防维修相结合的方式（图2）。然而，注水泵的故障监测和诊断仍然停留在依靠经验判断的阶段，缺乏先进的诊断技术。虽然泵本身具备自控检测机构，并记录温度、压力、电流、电压等参数，但监测方法和诊断手段不够系统，过于陈旧，总体使用效果不理想，很难及时准确地判断故障的性质、原因和发展动向。例如，在检修过程中，有时候只有很少数的泵存在故障，但仍需要对所有泵进行例行检修，导致过剩维修，浪费人力和物力资源。

此外，频繁拆装注水泵也会降低设备的正常工作性能，缩短使用寿命。因此，必须采取科学有效的方法，改进原有的设备维修管理方法，摆脱传统的维修管理模式，采用状态监测与故障诊断技术相结合的方式。根据设备常见故障类型、性质、原因和发生部位等，制定合理的维护方案，有针对性地解决问题。这样既能保证泵设备的可靠安全运行，又能节约大量人力和物力资源，避免盲目的过剩维修，从而获得良好的经济效益。这也是今后开展设备故障诊断工作的重要意义所在。

根据数据显示，2022年4月至6月，注水泵密封填料漏失高达40起，占注水泵故障种类中的最大比例。如果不及时处理，将导致机油乳化现象，造成巨大的经济损失。因此，迫切需要实现注水泵的实时监控，及时发现问题并进行处理，以实现降本增效的目标。

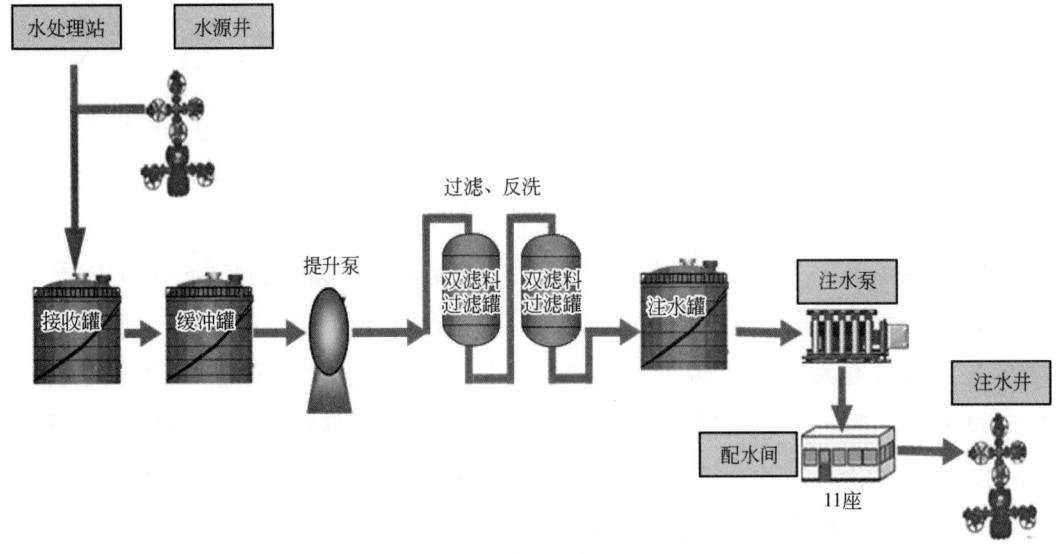

图1　注水流程图

2　注水泵智能管控系统的研制

2.1　系统结构设计

本系统采用.net作为开发平台，Microsoft Visual Studio 2015和Microsoft SQL Server 2012作为辅助设计平台，运用C++编程语言，并结合SQL Server数据库进行设计。往复泵状态评估与故障诊断系统主要分为用户层、功能层、数据层和支撑层，整体系统结构如图3所示。

2.2　系统功能设计

根据注水泵智能管控系统整体设计结构图，软件主要依据设备信息数据、实时监测数据和故障信息数据等信息监测注水泵的运行状态，并实

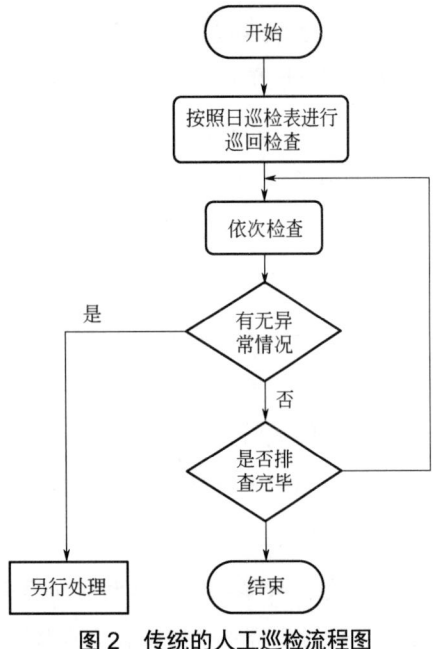

图2　传统的人工巡检流程图

现故障的智能诊断。系统软件功能结构如图4所示。

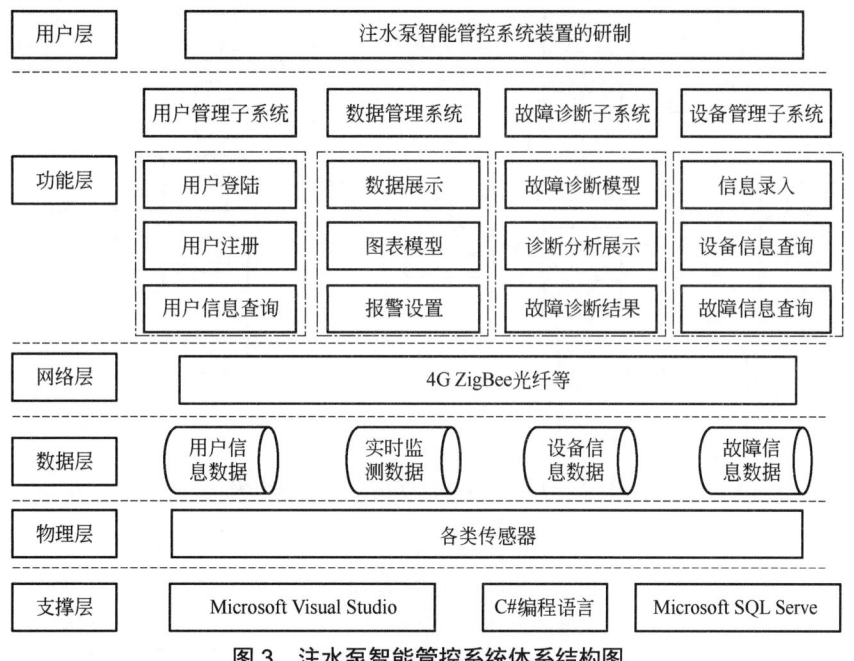

图3 注水泵智能管控系统体系结构图

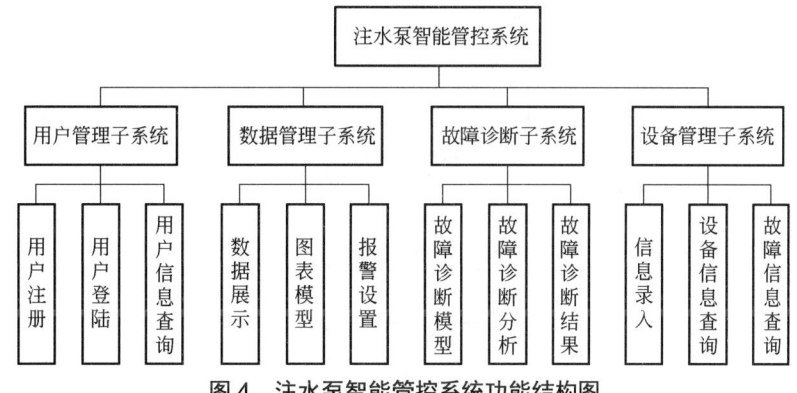

图4 注水泵智能管控系统功能结构图

2.3 控制系统硬件设计

该系统主要用于注水站注水泵进行系统能耗监测、计量电量和监测泵组系统效率，实现全天候实时测试电动机相关参数的无人值守自动监测。该系统由多个数据采集点组成无线传感器网络，数据通过4G网关传输到远程监控主机上。整个监测系统硬件架构如图5所示，粗线框部分是目前已实现的自动化传输，细线框部分是本次完成的，通过整合优化已有的注水系统，实现了注水泵的智能化和数字化管理。

2.4 系统的工作原理

通过STM32单片机系统组成的下位机，采集注水泵的数据信息，并通过通信模块定时发送给服务器。服务器会对接收的数据包和设定的各项保护参数进行数据解析和对比，然后将解析的数据存储到数据库中。这些数据会以数据图和表的形式显示在上位机界面上。操作人员只需登录电脑或手机浏览器，访问WEB服务端，就可以查看相关数据和设备的运行状态。图6是该系统的程序流程图。

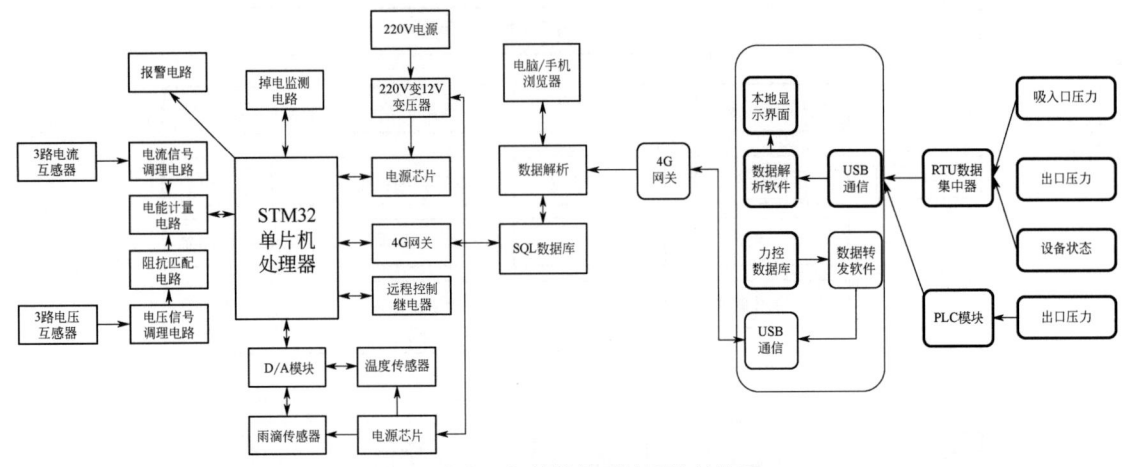

图5 注水泵智能管控系统硬件结构图

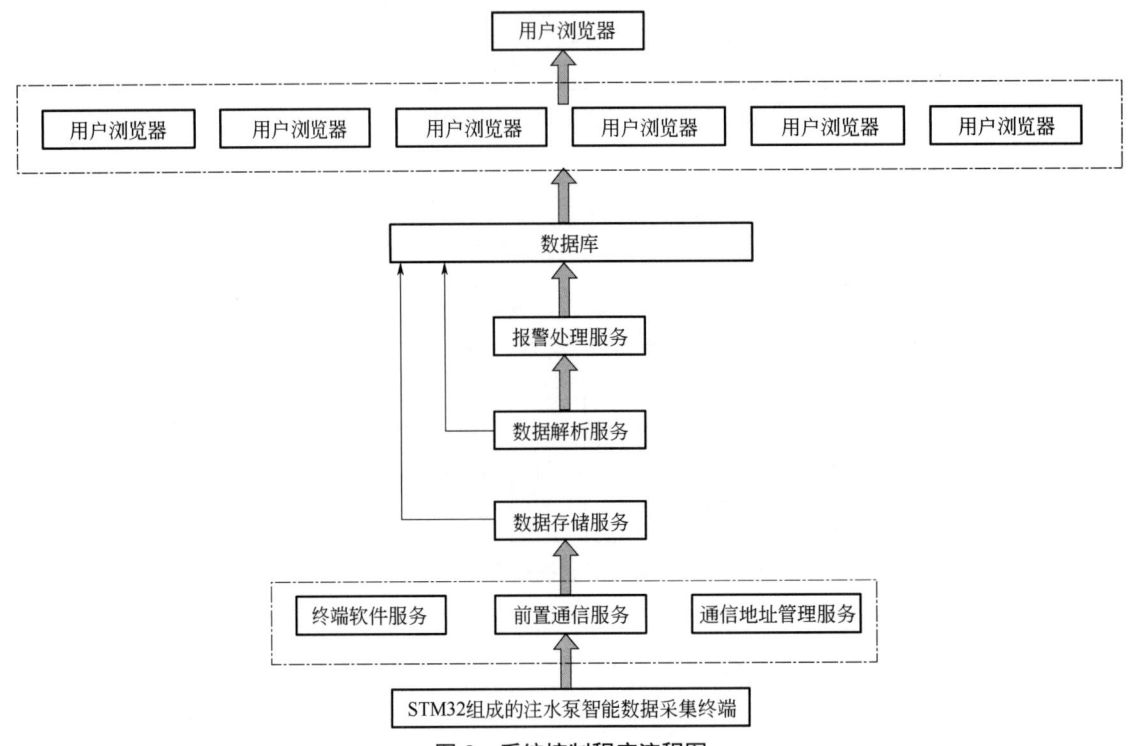

图6 系统控制程序流程图

3 注水泵智能控制系统装置现场试验应用

注水泵智能管控系统（以下简称系统）利用现代计算机技术和传感器技术，高速采集和分析工频及变频注水泵的电参数，能实时监控电动机的三相电压、电流、输入和输出压力，以及电动机温度和密封填料泄漏情况，全面评估注水泵的运行状况。系统通过现场传感器捕捉控制单元节点的实时数字信号（图7），并通过通信模块将数据实时发送到服务器。服务器解析后将数据存储于数据库中，操作人员可通过电脑或手机浏览器访问 WEB 服务端，实时查看相关数据和注水泵的运行状态。具体功能如下（图8）：

（1）对注水泵运行状态的实时监控，包括三相电压、电流、有功功率、无功功率等电参量，并能实时显示温度、压力、流量及泵组效率等状态参数和趋势线，为现场工作人员及时监测机泵的运行状态提供便利。

（2）利用服务器对现场监控数据进行存储和发布，实时提供设备工况信息，在油田局域网络范围内可远程监控注水机泵工作状态。

（3）预警保护。基于高速采集的数据系统，通过对数据的建模解析，可用于分析机泵运行过程中的各类异常信息，在设备出现故障前进行预警。

（4）电参数监控。现场传感器主要采用注水泵电动机的电压和电流通过电能计量芯片，实现对三相电压、电流、有功功率、无功功率、视在功率、功率因数、频率、谐波含量、有功电能、无功电能的采集和计算。

图7　注水泵智能管控系统装置现场安装应用

通过对 10 台注水泵安装本系统后，在实际应用中，系统有效降低了设备故障率和维护成本。具体数据表明，系统安装后注水泵的平均故障间隔时间（MTBF）从原来的 600h 提高到了 1080h，年故障率降低了 45%。在一个特定的监控周期内，系统通过高速数据分析成功预警了 5 次潜在的密封填料泄漏和电动机过热问题，使得及时干预成为可能，避免了大型故障的发生。

此外，系统还对注水泵的能效进行了优化，通过精确控制电动机的运行参数，平均能效提升了约 12%。这一改进不仅减少能源消耗，同时也降低了运营成本。系统还支持远程监控和控制功能，使得油田管理人员能够在局域网络范围内远程查看和调整设备工作状态，进一步提高了操作的灵活性和效率。

图8 系统功能界面

4 结语

基于注水泵智能管控系统的实验结果表明，该系统能够通过传感器和物联网技术实时监测和控制注水泵的运行状态，从而提高工作效率和安全性。该系统不仅能够减少能耗和维护成本，提高注水效果和设备寿命，而且具有良好的可扩展性和适应性，适用于不同类型和规模的注水泵系统。注水泵智能管控系统是一种有效的技术手段，能够提高注水泵系统的运行效率和可靠性，具有广阔的应用前景。通过实时监测和优化控制注水泵的关键参数，该系统能够及时发现故障并采取有效的应对措施。通过实验验证和现场应用，该系统的可行性和有效性得到了验证。

（作者：姚江龙，冀东油田南堡油田作业区，工程师；李兵，冀东油田南堡油田作业区，注水泵工，高级技师）

微功耗封井器状态检测装置的研制与应用

◆ 张道华 米永强 李爱忠 张 勇 朱 会

封井器是石油钻井主要的井控设备，当发生井控险情时可以实现快速关井，它一般由环形、单闸板、双闸板等组成。它的开关原理是通过液压油推动活塞来达到开关井的目的，一旦液压关井失效可以通过手动关井。封井器开关井操作有一套严格的操作流程，为了防止误操作的发生，目前采用的是操作人员跑位的方法将封井器的当前状态反馈给司钻，司钻根据当前状态进行下一步的操作。

1 存在问题

问题一：发生井控险情时封井器上面极易被钻井液覆盖，观察人员不易看清封井器的开关状态。此时封井器多处于高压状态，当压力泄漏时会对观察人员造成伤害。

问题二：操作封井器时，钻台下的作业人员需要通过跑位将封井器的实际开关状态，告知钻台上的司钻，需花费一定的时间，不利于实现快速关井。

问题三：外观不易判断封井器实际开关状态，现场只能通过挂牌标识进行提示。并且，通过人工数数的方法确定锁紧圈数，准确性和可靠性需进一步提升。

2 改进方法及装置介绍

2.1 改进方法

基于封井器在钻井生产井控险情处置中的重要性，针对当前关井操作及关井状态检测中存在的问题，结合钻井现场实际，考虑封井器操作及状态观察的可靠性、准确性和便利性，经过多次现场试验与改进，研制了"微功耗封井器状态检测装置"，现场应用效果良好。

2.2 装置结构与工作原理

2.2.1 整体结构与安装介绍

该装置由安装于封井器锁紧杆上的"微功耗封井器状态检测装置"和安装于司钻操作台的"操作显示装置"两部分组成，两者之间通过无线进行双向数据传输。"微功耗封井器状态检测装置"控制核心为超低功耗"C8051F912"单片机，内置两个微功耗霍尔元件"MT1321A"，借助于安装于封井器锁紧轴护罩内侧的两根磁条分别实现封井器开关状态的非接触式检测。为了实现封井器关井后的手动锁紧计数，该装置使用微功耗数字加速度传感器"ADXL345"进行锁紧杆旋转圈数计数。

图1为微功耗封井器状态检测装置功能框图，图2为局部现场安装图，图3为内部实物图，图4为整体安装图。

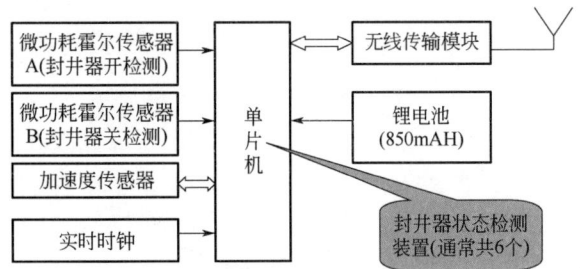

图1 微功耗封井器状态检测装置功能框图

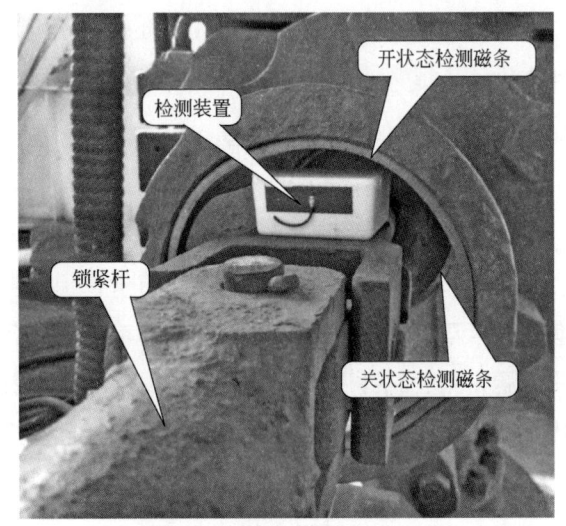

图2 微功耗封井器状态检测装置局部现场安装图

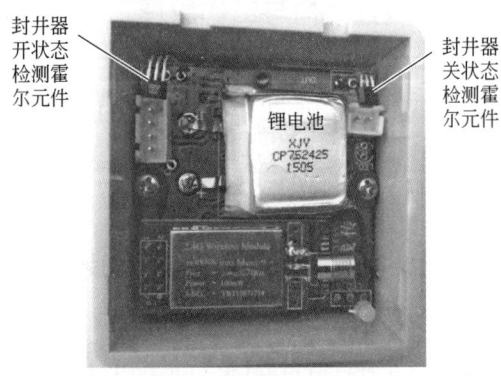

图3 微功耗封井器状态检测装置内部实物图

图4 微功耗封井器状态检测装置整体安装图

2.2.2 封井器状态检测装置关键参数及圈数检测介绍

表1为关键元器件功耗参数，表2为NRF24L01无线模块（无线通信速率250kbps）实测数据。

2.2.3 装置ADXL345芯片输出倾斜角度值工作原理

芯片水平静置时，X、Y方向的重力分量为0，而Z轴方向的重力分量为g。假设芯片处于X、Y、Z轴的任意位置，芯片输出的加速度值假设为Ax、Ay、Az，将重力g分解在3个轴上，即g在各个轴上的投影，假设g轴与X、Y、Z轴的夹角分别为x_1、y_1、z_1。此时就有$Ax=g\cos x_1$，$Ay=g\cos y_1$，$Az=g\cos z_1$。根据立体几何中，g相当于立方体的对角线，Ax、Ay、Az相当于三条边。所以有$Ax \times Ax+Ay \times Ay+Az \times Az=g \times g$。

对于X轴，与XOY平面有一定的角度，这

个角度就是 X 轴的倾角。在空间结构中，g 为永远垂直于地面的轴，芯片比作一个立方体，立方体的一角与 g 轴相交于三边相交点上，相当于立方体仅一个角接触到地。X 轴到地面的角度即为所求的倾角。假设所求的角度分别为 x、y、z，$x=90°-x_1$，$y=90°-y_1$，$z=90°-z_1$。

表1 关键元器件功耗参数

器件名称	工作电压	工作电流	休眠电流	唤醒时间	工作时间	休眠时间
C8051F912	1.8～3.6V	4.1mA	0.6μA	2μs	1.7ms	10s
MT1321A	2.2～5.0V	4～6μA	无休眠	无	一直工作	无
ADXL345	2.0～3.6V	30μA	0.1μA	11.1ms（100Hz）	封井器关闭才工作	封井器打开即休眠
NRF24L01	1.9～3.6V	12mA	0.9μA	130μs	1.7ms	10s

表2 带功放的NRF24L01无线模块（250kb/s）实测数据

参数	实测数据
接收电流	12mA
发射电流	110mA
待机电流	18μA
掉电电流	0.9μA
连续发射32字节数据包耗时	1.4ms
从待机状态唤醒后发射10字节数据包并收到1字节应答耗时	1.3ms
从掉电状态唤醒后发射10字节数据包并收到1字节应答耗时	1.7ms

以 x 为例：$Ax=g \times sinx$，$sinx=Ax/g$，$cosx= squre(g \times g - Ax \times Ax)/g$，则 $tanx=Ax/squre(g \times g - Ax \times Ax)$；又因 $Ax \times Ax + Ay \times Ay + Az \times Az = g \times g$，故 $tanx=Ax/squre(Ay \times Ay + Az \times Az)$；同理 $tany=Ay/squre(Ax \times Ax + Az \times Az)$，$tanz=Az/squre(Ax \times Ax + Ay \times Ay)$。一旦霍尔元件检测到封井器离开开位，就间隔250ms启动ADXL345进行角度检测，单片机在此通过I2C接口和ADXL345通信，连续读取5组 X、Y、Z 轴采集值进行去极值滤波及卡尔曼滤波后得到最终的倾斜角度值，并根据倾斜角度值的变化得到旋转的方向，最终计算出锁紧杆旋转的圈数。

2.2.4 操作显示装置介绍

"操作显示装置"安装于司钻操作台，主要通过无线接收来自各个"微功耗封井器状态检测装置"的封井器闸板开关信息及锁紧杆旋转圈数信息，并显示出来。操作显示装置内部采用了高性能的32位ARM处理器STM32F103C8、硬件看门狗、具有阳光下直视功能的新型2.4寸OLED显示屏（工作温度范围达到-40～85℃）、高速无线模块NRF24L01。在软件上单片机和OLED、NRF24L01通信，以及AD采集都采用了先进的DMA传输方式，从而降低了处理器的负荷，提高了系统的稳定度。

该装置可以实现对封井器所有工作状态的检测，包括液压开井、液压关井、手动锁紧、手动解锁等。功能框图如图5所示，"操作显示装置"显示界面如图6所示。

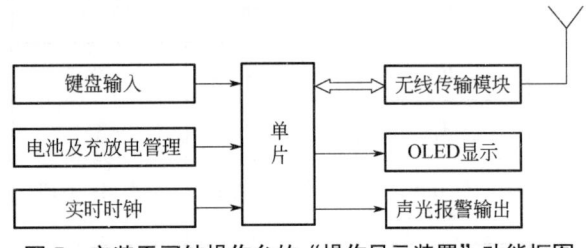

图5　安装于司钻操作台的"操作显示装置"功能框图

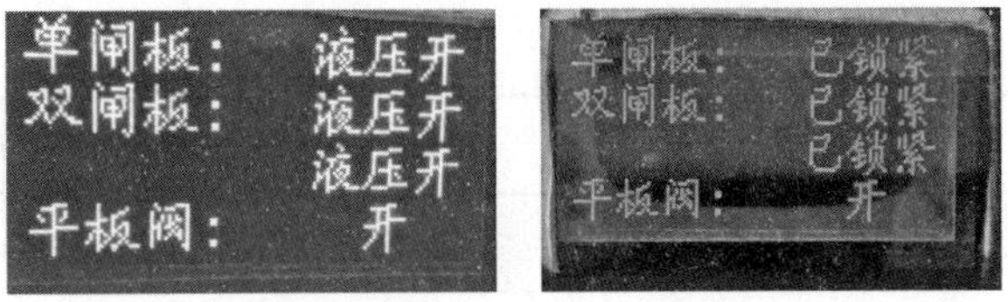

图6　"操作显示装置"显示界面

2.3　装置创新性

2.3.1　数据采集及传输简单可靠

该装置使用霍尔元件实现了封井器开关状态的非接触式检测，并创新性地开发应用了微功耗数字加速度传感器"ADXL345"进行锁紧杆旋转圈数计数，最后利用微功耗2.4GHz高速无线模块NRF24L01实现双向无线数据传输。在强化无线通信可靠性方面，不但使用了无线数据丢失重传机制，还采用了自定义的无线数据传输格式，防止各无线模块之间的数据空中碰撞，使各"微功耗封井器状态检测装置"严格在属于自己的时间段发送数据包。例如，1号装置在0.1s开始发送数据包，2号装置在0.2s开始发送数据包，等。为了保证各装置之间的时间精确同步，"操作显示装置"会定时发送时基信号进行时基校准，这些创新设计极大提高了数据采集及传输的可靠性。

2.3.2　装置运行功耗极低

"微功耗封井器状态检测装置"将C8051F912单片机设置为绝大多数时间处于休眠状态，即在休眠10s后的整秒进行唤醒，唤醒后首先接收来自"操作显示装置"的时基信号进行时基校准（"操作显示装置"会在每个精确的整秒开始连续发送20组时基校准数据包），然后继续休眠零点几秒后在属于自己的时间段唤醒发送一个"心跳包"，将本机的电池电压及封井器开关状态数据发送出去，用于告诉"操作显示装置"本机工作正常。如果霍尔检测开关检测到封井器开关动作后会立即唤醒C8051F912单片机，唤醒后单片机会再次休眠，并在下一秒属于自己的时间段再次唤醒发送状态包，从而保证封井器开关状态改变后"操作显示装置"会在第一时间得到信息。

对于耗电相对较大的ADXL345加速度芯片设置为常规情况下处于休眠状态，仅当检测到封井器关闭以后才恢复ADXL345的工作。由于正常钻井生产工况下，封井器为打开状态，而只有防喷器关闭后才需要对锁紧杆旋转圈数进行计数，因此该措施可以在确保锁紧杆旋转圈数计数实时性的前提下最大限度降低功耗。

2.3.3　现场安装简单可靠性较高

由于封井器需要频繁拆安，为了降低装置安装难度及故障率，提高装置安装的便利性及运行稳定性，该装置所有的传感器都安装在了装置内部，外部有坚硬保护外壳且无任何接线，拆装都极其简单。

3　现场应用情况

经过实测，微功耗封井器状态检测装置静态耗电约9μA，唤醒并进行无线数据传输时平均耗电60mA，间隔10s唤醒，唤醒后可以在1.7ms

内完成数据包的双向无线传输，装置平均耗电为9+60000/（10000/1.7）=19μA（此处的60000是60mA转换为μA的值；10000是10s转换为ms的值）。装置使用的是3V/850mAH锂电池，理论上可以连续工作850×1000/19=44736h=5.1a。实测微功耗封井器状态检测装置内部锂电池在连续工作两年后，电压仍保持在2.7V以上。

该装置设计、制造和使用成本较低，使用寿命较长，维护简便，操作简单，具有较好的应用和推广价值。该装置自研制成功以来，在渤海钻探基层钻井队进行了现场应用，经现场反馈，该装置运行可靠、拆装便捷、人机交互便利，可直观地显示封井器开关状态以及锁紧情况，极大提高了井控应急处置中各岗位间的信息传递效率。

4　结论及建议

井控工作是石油钻井安全环保工作的重中之重。该装置能够在发生溢流时迅速准确地判断封井器当前所处的状态，使司钻能够迅速进行下一步操作，从而最大限度地缩短了关井时间，降低了井控应急处置工作的复杂性，有效确保了设备安全、人身安全，避免环境污染事故的发生。因此，该项目具有较好的应用价值和良好的推广前景。

参考文献

[1] 闫庆果．井控设备智能检测系统研究．西部探矿工程，2020（7）：．

[2] 白书华，雷明．基于C8051F040单片机的小型化、低功耗红外气体传感器．应用激光，2020（2）：．

[3] 刘路，王收军，陈松贵，等．基于MEMS加速度计的波高测量装置．科学技术与工程，2019（30）：．

（作者：张道华，渤海钻探第一钻井分公司，钻井机电工，高级技师；米永强，渤海钻探第一钻井分公司，高级工程师；李爱忠，渤海钻探职工教育培训分公司，钻井作业工，高级技师；张勇，渤海钻探职工教育培训分公司，钻井作业工，高级技师；朱会，渤海钻探第一钻井分公司，钻井机电工，技师）

智慧工地临时用电配电箱的研制与应用

◆ 卫 东　林树国　刘国昌

随着智慧工地管理系统在油田地面建设项目中逐步部署和推进，大型的施工项目在建设中应用配电箱较多，施工现场临时用电配电箱已实现标准化，配电箱内断路器根据实际用电负荷进行配置，但不具备运行数据的管理能力，对整个施工现场的用电负荷分配和电能功耗不能准确掌握，无法融入智慧工地管理系统中，因此大庆油田基建管理中心推行"安眼工程"计划。

针对以上问题，合理配置断路器，结合智慧工地改造原则，采集重要用电参数，实施信息远程监控，三级开关箱由现场管理人员采用手机App实时监控，根据用电负荷进行调整，将以往的定期检修转变为精准状态检修以达到降本增效的目的，在执行检修任务时，采用声光、语音告警辅助警示牌物理拦截，可以有效提高检修的安全系数。

1 存在问题

1.1 断路器配置问题

根据JGJ/T 46—2024《建筑与市政工程施工现场临时用电安全技术标准》规定，施工现场的配电系统应采用三级配电、两级漏电保护以及TN-S系统，见图1，如配置不当会造成以下问题。

（1）三级配电：发生过载或短路故障时，断路器容量配置不合理，会越级跳闸造成故障范围扩大化。

（2）两级保护：发生漏电或人员触电时，漏电保护器配置不合理，也会造成越级跳闸故障范围扩大，甚至出现人员伤亡的情况。

（3）TN-S系统：临时用电必须采用TN-S系统，见图2，如供电系统配置错误，会造成前级漏电断路器合不上闸，从而影响供电的可靠性。

1.2 数据采集问题

施工现场配电箱已实现标准化，但不具备数据采集功能，现场管理人员对整个工地的用电负荷分配和电能功耗不能准确掌握，如配电系统中出现短路、过载、漏电、温度高等故障时，不能及时发现、预判并且止损，维修只能以人工巡检方式发现配电系统故障，排查时间长、难度大，工作效率低下。维护通常采用定期检修,容易造成过度检修,人工成本高。

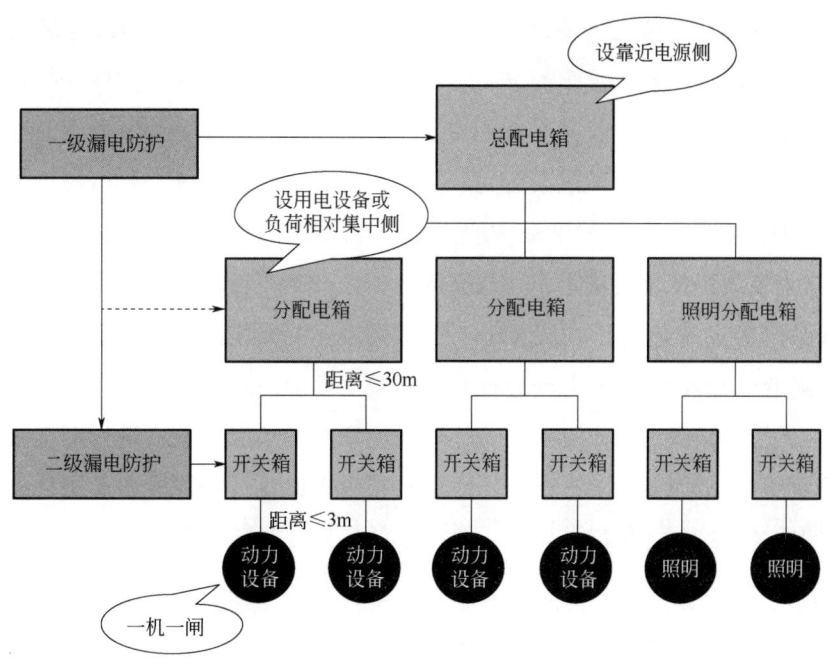

图1 临时用电配置图

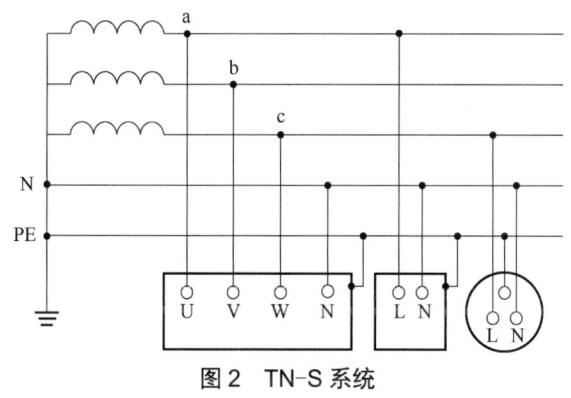

图2 TN-S系统

1.3 检修安全防护问题

当发生故障需要检修时,以往采用悬挂安全警示牌方式,如果警示牌脱落,无法提示非检修人员"禁止操作",从而造成安全风险的发生。另外,人工看守增加了人工成本。

2 解决方案

2.1 断路器配置方案

三级配电的一级总配电箱可以设有多个二级分配电箱,二级分配电箱下可以设有多个三级开关箱,三级开关箱主要用于末端用电设备,为确保安全应一机一闸。为了避免越级跳闸,断路器通常采用阶梯式辐射型配置。断路器主要功能是分配电能和保护线路,避免电源设备受过载、欠电压、短路、单相接地等故障的危害。选择断路器的额定电流应大于等于线路或电气设备的额定电流,当负荷为照明或电热器回路时,应选择C形断路器,按照线路或电气设备额定电流的1.1～1.15倍选择,照明使用的高压汞灯、钠灯、金属卤化灯等回路按1.2～1.4倍额定电流选择。负荷为电动机回路时,按照电动机额定电流的1.6倍选择D形断路器,电动机三相电流平衡时能躲过电动机的启动峰值,三相电流严重不平衡时能快速切断电源。

2.2 漏电保护器的配置方案

根据JGJ/T 46—2024《建筑与市政工程施工

现场临时用电安全技术标准》规定，两级保护是指一级总配电箱与三级开关箱都应该装设漏电断路器，漏电保护参数应合理配置、灵敏可靠。当人的心脏流过50mA漏电电流时，就会引起心室颤动危及生命，100mA以上的电流流过心脏足以将人致死，30mA以下暂时不会危及生命安全。为了确保人身安全，三级开关箱要满足电气设备一机一闸，漏电保护器设定值小于30mA/0.1s。为了避免越级跳闸造成故障范围扩大，总配电箱漏电保护定值应大于30mA，动作时间应大于0.1s，其乘积不应大于30mA·s。

2.3 各级配电系统配置方案

根据JGJ/T 46—2024《建筑与市政工程施工现场临时用电安全技术标准》规程规定，临时用电必须采用TN-S系统，见图3。配电箱工作零线与保护接地应分开设置，专用的保护PE线不允许断线，每一处重复接地电阻不应大于10Ω，更不能接入漏电保护器。当电源容量在100kVA及以上时，工作接地电阻不得大于4Ω，电源容量在100kVA以下时，工作接地电阻不得大于10Ω。如有人接触带电的设备外壳，由于人体电阻约为1000Ω，保护接地装置的电阻远远小于人体的电阻，根据电阻并联分流原理，大部分接地电流被接地装置分流，只有极小的电流流过人体，从而对人身起保护作用。

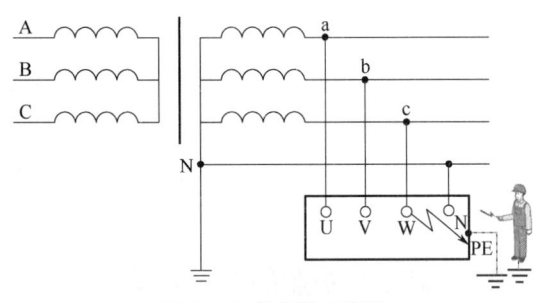

图3　人身保护示意图

2.4 数据采集方案

根据JGJ/T 46—2024《建筑与市政工程施工现场临时用电安全技术标准》规定，一级总配电箱应装设电压表、总电流表、电度表。为了满足智慧工地管理系统需要，在一级、二级配电箱总电源断路器下端安装智慧安全用电监测装置，见图4。实时监测电流、电压、功率等重要参数，采用4G网络上传至智慧工地管理平台，施工现场主要管理人员还可通过手机App实时掌握施工现场用电负荷动态，进行用电负荷分析，合理配置用电设备，实现资源动态分配，达到节能环保的目的。监测温度、设置异常告警参数，针对安全隐患及时预警，进行精准检修，将以往的定期检修转变为状态检修，能有效降低人工成本，避免故障范围扩大，预防事故的发生。

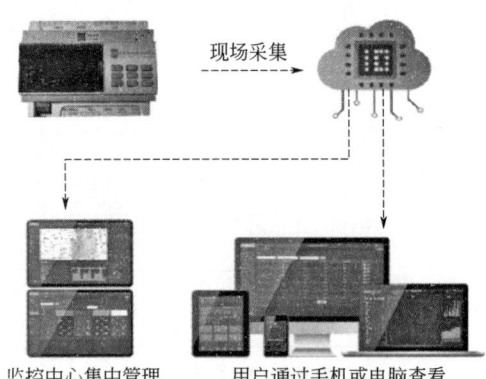

图4　用电数据采集

三级开关箱采用云智能断路器，见图5。临时用电现场管理人员可在手机端App实时掌握末端设备的用电情况，实时监控电流、电压及开关状态，发现异常可远程关断电源，避免故障发生。

2.5 检修安全防范方案

当进行检修工作时，应将其前一级相应的电源断路器分闸断电，悬挂"禁止合闸、有人工作"停电警示标志牌，严禁带电检修作业。电源断路器采用具有隔离功能的"透明"断路器，检修时有明显断开点，确保检修人员的人身安全。漏电断路器具有短路、过载、漏电等保护功能，能有效保护作业人员及设备的安全。各级配电箱安装声光、语音告警防范装置，加强安全管理，见图6。在检修作业时，如果悬挂的安全警示标志牌脱落，非检修工作人员打开配电箱准备送电时，声光、语音告警系统会发出声光告警及"有人工作、禁止合闸"的语音警示，避免误操作的发生，语音告警还可根据不同工作环境进行更改。

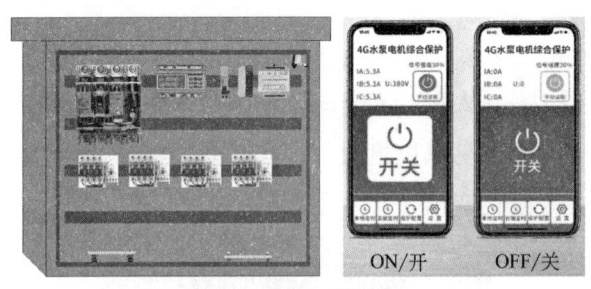

图5　智能云断路器

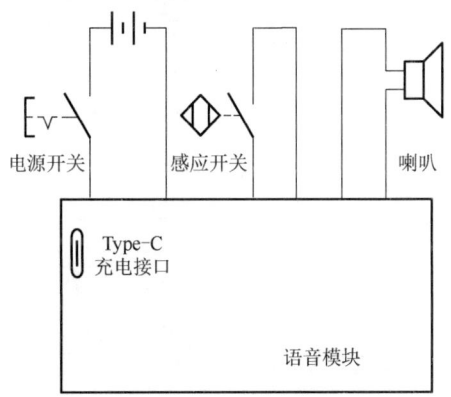

图6　检修语音告警

3　结语

智慧工地临时用电配电箱的研制成功，实现了一级总配电箱与二级分配电箱的电压、电流、电能、故障信息等重要参数的采集，通过4G网络将数据接入智慧工地管理系统，有效按需分配用电负荷，并及时发现安全隐患，避免故障范围扩大。施工现场管理人员还可通过手机App实时监控末端用电设备的运行状况，相较于传统的临时用电系统，能够有效改变运维方式，提高工作效率、精准检修降低人工成本，声光、语音告警辅助警示牌物理拦截，保障检修人员的人身安全。该项成果在大庆油田工程建设公司油田工程事业部光明轻烃储库安全隐患治理和低碳示范区分散式风能等20余项工程进行了应用，信息技术中心通过远程实时监控，发现安全隐患并有针对性进行检修50余次，降低了人工成本，避免了事故扩大化，社会效益及经济效益显著，具有非常好的推广应用价值。

（作者：卫东，大庆油田工程建设公司，电工，首席技师；林树国，哈尔滨石化机电仪运维中心，电工，首席技师；刘国昌，大庆油田生态管护公司，电工，首席技师）

便携式高效吊耳载荷加载测试装置研制与应用

◆ 郭 锐 罗 强 刘红武 商 杰 任成州

石油钻机是用来进行油气勘探和开发的钻井装备，钻机井架、底座上的吊装耳板、载人悬挂耳板（以下简称吊耳）是设备吊运、安装过程中的安全承载耳板，关系到人员及设备的安全。宝鸡石油机械有限责任公司是中国石油天然气集团有限公司所属的国内规模最大、制造能力最强的石油钻采装备研发制造企业，公司主要设计制造1000～12000m九大级别、四种驱动形式的常规陆地钻机、极地钻机和海洋成套钻机，钻机生产中需要对吊耳进行载荷承载测试，检测吊耳的承载能力，验证吊耳的安全性和可靠性。

1 情况介绍

钻机吊点载荷试验一直利用天车起吊钢丝绳，借助配重块施加重量，对吊耳进行加载，读取电子秤载荷数据，载荷转换，手工记录，方法落后，加载波动大，很多特殊位置吊耳无法加载。单套钻机井架、底座上的吊耳数量有600～700个（产品结构形式决定），工作40～48h才能完成，非常耗时，工作效率低。需要3～4人配合天车或吊车，设备及人员的投入多，员工劳动强度大，存在配重块滑落、物体打击、结构变形等安全隐患(图1)。

图1 原吊点载荷试验

现场操作工人提出研制一种油缸顶升的组合工装，同时实现工装的固定，便于携带、提高载荷试验的效果，实现较高的生产效率及安全性能。

主要思路：（1）利用螺旋杆长度可调原理，制作三种拉杆总成（承压范围：0～50kN、

50～150kN、150～300kN)。

(2) 利用支撑盘限位原理，制作顶盖装置。

(3) 利用螺母快速锁紧原理，制作锁紧装置。

(4) 利用桶形中空结构，制作套筒结构。

(5) 利用液压传动加载原理，保证安全环保操作。

2 便携式加载测试装置的基本构成和工作原理

2.1 基本构成

2.1.1 HCT269 13t 单作用液压缸

该液压缸为单作用中空液压油缸，工作载荷0～5t，液压油缸中空中心孔直径不小于26.9mm，液压油缸行程100mm，满足0～70MPa油压范围内的加载要求，液压油缸进油口处通过快速接头同液压管线相连，满足精确加载的要求，液压油缸加载过程中的注油可通过手动高压泵进行加压。

2.1.2 HCT538 30t 单作用液压缸

该液压油缸为单作用中空液压油缸，工作载荷0～30t，使用载荷为5～30t，液压油缸中空中心孔直径不小于53.8mm，液压油缸行程100mm，能满足0～70MPa油压范围内的加载要求，油缸进油口处通过快速接头同液压管线相连，满足精确加载、自动控制的要求，液压油缸加载过程中的注油通过电动加压泵进行加压。

HCT269 13t单作用液压缸、HCT538 30t单作用液压缸的设计制造必须符合整体尺寸小、结构紧凑、维修方便的要求，产品涂装质量应具有耐腐蚀、耐热、耐潮湿、适合车间高粉尘、户外雨雪环境下使用的要求，产品总体外观质量应符合有关行业标准。

2.1.3 PES4420TVP 组合液压站

PES4420TVP组合液压站的工作电源为车间常用的50Hz、220V电源，设置常规三线插头及适当长度的电源线，组合液压站输出额定工作压力为0～70MPa，在油路排出口处配置压力表，压力表的最终布置位置按照控制面板整体进行考虑，液压站中所有元件通径必须与额定流量相匹配，液压站排出口设置2个排出接口，排出口通过无滴漏快插式快速接头与液压管线相连接，排出口的设置位置方便现场操作，未使用的排出口接头通过护帽进行防尘保护，液压站与加载油缸之间配置的管线总长度不少于10m，可以通过长度组合的方式实现管线长度；管线的额定工作压力不低于70MPa，具备耐用、耐磨的使用特性；液压管线通过无滴漏快插式快速接头与两端设备相连接。

2.1.4 承载机构

承载机构由拉杆总成、套筒、顶盖总成、锁紧螺母组成。进行载荷试验时，套筒先放在被测试吊耳正上方，承载拉杆与载荷试验耳板用销轴连接，套筒上方用顶盖连接，顶盖上方放入中控油缸，旋入锁紧螺母，锁紧距离保证在油缸行程范围内。

2.2 工作原理

便携式高效吊耳载荷加载试验装置(图2)，主要由承载套筒、加载液缸、锁紧机构、连接锁具、控制系统、监测与显示系统等构成，在测试时只需要在被测试吊耳安装承载机构，然后通过无滴漏快插式快速接头与液压管线相连接，接通电源后输入被测试部件编号及相关信息，试验后试验结果以表格的形式统一保存和拷贝输出，压力控制偏差不大于当前试验载荷对应压力的±5%，并且整体加压、稳压精确，泄压过程平稳，性能可靠，省去了配重块和天车作业，显著提高了现场作业效率和安全性。

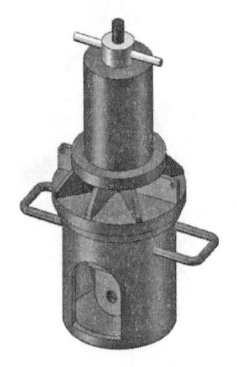

图 2　便携式高效吊耳载荷加载测试装置实物图

3　关键技术

3.1　轻量化便携式移运集成技术

试验装置整体轻量化，整体重量控制在 40kg 以内，装置由 4 个模块构成，结构原理简单易懂，方便安装操作，操作人员简单沟通即能够轻松便携使用。

3.2　多种控制模式液压加载技术

该装置具有本地、远程、遥控三种液压加载控制模式，操作人员能够在 20m 外实现加载和试验载荷监控，提高现场作业安全性，通过 PLC 控制液压源流量，控制精度可达到 0.1kN。

3.3　自动预警和数据实时记录技术

操作过程中可进行数据的实时显示与记录，可对加载过程、保压过程进行实时在线曲线显示，可一键式生成作业日志和加载报告。在操作过程中可进行状态监控，针对管路失压、油路堵塞、设备异常、载荷数值超限等现象，能够进行实时报警和记录。

4　应用效果

通过现场使用便携式高效吊耳载荷加载测试装置取得了良好的应用效果，目前加载装置已广泛应用到多套钻机及油田重点设备吊耳的载荷试验。该加载装置精准施加与控制技术，已在车载钻机设计技术改善中应用，取得了良好的成效。

便携式高效吊耳加载测试装置的研制，投资成本较少，经过一年多的现场应用，该装置消除了大规模加载配重在搬运、放置、滑脱等方面的安全风险，使用效果得到了一线员工的认可，工人作业时间降到16h，操作人员数量减少了2人，生产效率明显提高，每套能够节约生产成本 0.98 万元，年创效约 50 万元。

（作者：郭锐，宝鸡石油机械有限责任公司，石油金属结构件制作工，高级技师；罗强，宝鸡石油机械有限责任公司，装配试验工艺，高级工程师；刘红武，宝鸡石油机械有限责任公司，石油金属结构件制作工，高级技师；商杰，宝鸡石油机械有限责任公司，焊工，特级技师；任成州，宝鸡石油机械有限责任公司，石油金属结构件制作工，技师）

电站犁煤装置研制与应用

◆ 李金艳

某公司热电厂锅炉车间拥有6台410t/h的煤粉锅炉,8台刮板式给煤机。制粉系统中的刮板给煤机是确保锅炉安全运行的重要设备之一,在生产过程中由于煤质变化等原因,刮板式给煤机经常发生跳闸现象,严重时造成给煤机电动机基础损坏、减速机损坏等事故,导致制粉系统无法运行,锅炉无粉可烧甚至造成停炉事故。刮板式给煤机的工作原理是主动齿轮拖动主链条和链条上固定的20片刮板向前运动,将原煤斗落下的原煤由刮板刮到磨煤机入口落煤管里,进入磨煤机内进行研磨,将原煤磨制成煤粉。为解决刮板给煤机跳闸、损坏设备的问题,研制了一个清理杂物的装置安装在主动齿轮之前,遇到石头、金属等杂物能直接清理掉。

1 问题分析和解决思路

1.1 问题分析

(1) 刮板式给煤机设计上有缺陷,没有考虑如何解决主动齿轮和链条之间卡石头的隐患,如图1所示。

(2) 因为主链条宽100mm,刮板式给煤机在运行过程中,链条上面托一定量的原煤或石头、金属等杂物。

(3) 原煤质量变化,原煤里面存有石头、金属等杂物卡在主动齿轮和主链条之间造成给煤机跳闸、减速机和基础损坏事故,损坏设备。

(4) 燃料源头除铁器工作效率低或故障。

(5) 碎煤机故障或工作效率低造成石头等杂物进入刮板给煤机里。

图1 刮板式给煤机原现场应用图

1.2 解决思路

经过分析研究,设计一个清理杂物的"犁煤

装置"安装在主动齿轮之前,遇到石头等杂物能直接清理掉。

具体来说,在主动齿轮前0.5m处,链条的上方横梁上加装犁煤清扫装置。犁煤器安装在链条上方距离主链条10mm处,作用是把链条上的石头、金属等杂物清理掉,保证主动齿轮不被石头金属等杂物卡住,确保刮板给煤机安全运行。

2 刮板式给煤机改造

2.1 装置结构

改造的刮板式给煤机结构如图2所示,各部件作用功能如下:

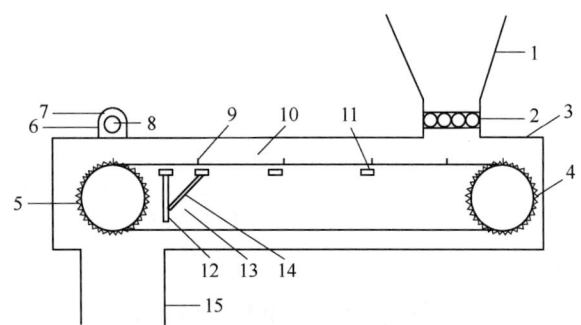

图 2 刮板式给煤机结构示意图

1—原煤斗;2—下煤量调节查插棍;3—给煤机槽体;4—从动齿轮;5—主动齿轮;6—减速机链条;7—减速机;8—变频电动机;9—刮板;10—主链条;11—横梁;12—犁头;13—犁头杆;14—拉杆;15—落煤管等部件等组成。

(1) 原煤斗,用于储存燃料输送来的原煤,供磨煤机制粉用;

(2) 下煤量调节查插棍,用于调节进入刮板给煤机的原煤量;

(3) 给煤机槽体,封闭式槽体保证原煤不外溢、不污染环境;

(4) 从动齿轮,可调节链条的松紧度;

(5) 主动齿轮,用于拖动链条、刮板向前运动;

(6) 减速机链条,可带动主动齿轮转动;

(7) 减速机,按一定的速度比带动主动齿轮旋转;

(8) 变频电动机,带动减速机、减速机链条、主动齿轮旋转拖动主链条、刮板向前运动;

(9) 刮板,推动原煤向前运动进入落煤管;

(10) 主链条,拖动刮板向前运动,将原煤刮入落煤管;

(11) 横梁,用于增加槽体的强度;

(12) 犁头,用于清理链条上面的石头、铁等杂物;

(13) 犁头杆,用于将犁头焊接在横梁上,使犁头与主链条保持10mm的间隙;

(14) 拉杆,可增加犁头杆的强度;

(15) 落煤管,将原煤送入磨煤机内进行研磨。

2.2 工作原理

燃料输送来的原煤储存在原煤斗里,通过下煤量调节查插棍调节进入刮板给煤机的原煤量;原煤落入封闭式给煤机槽体里,槽体保证原煤不外溢、不污染环境;根据实际运行情况可利用从动齿轮调节主链条的松紧度;启动变频电动机带动减速机、减速机链条、主动齿轮、旋转拖动主链条、刮板、向前运动;推动落入槽体的原煤向前运动,进入落煤管里;将原煤送入磨煤机内进行研磨。停留在主链条上面的石头、金属等杂物在经过犁头时则被犁头清理掉入落煤管里,解决了主动齿轮和主链条被石头等杂物卡住损坏设备的难题。

2.3 技术关键

(1) 犁头安装在主动齿轮前0.5m处,链条的上方横梁上。

(2) 犁头距离主链条10mm处,犁头能彻底清理掉链条上面的石头、金属等杂物。

(3) 犁头杆安装在链条的上方横梁上。

(4) 拉杆安装在链条上方的另一根横梁上，增加犁头杆的工作强度。

刮板给煤机改造的创新点是刮板给煤机的主动齿轮拖动链条、刮板向前运动，利用犁煤器原理，将链条上面的石头、金属等杂物清理掉，彻底解决了主动轮和链条之间被石头、金属等杂物卡住损坏设备的生产难题，特点是投资小、见效快。

3 现场应用情况

此革新于 2021 年 7 月至今，在大庆石化公司热电厂锅炉车间 8 台刮板给煤机投入使用（图3），解决故障率达到 100%，为刮板给煤机安全运行提供了强有力的保障。

图 3 刮板式给煤机改进后现场应用图

装置采用 50mm×50mm 的角钢，安装方便，操作简单，经久耐用维护成本低，清理杂物效果好，为文明生产、提质增效奠定了良好基础。

目前热电厂锅炉车间 8 台刮板式给煤机都安装此项装置后，从未发生给煤机减速、电机烧毁、基础损坏等事故，减少了刮板机的检修频次，提高了刮板式给煤机的运行时率，确保了操作员工人身安全。

4 结论及认识

(1) 锅炉犁煤装置制造工艺简单，操作使用方便，适用于锅炉制粉系统中的刮板式给煤机的常规作业。

(2) 犁煤装置利用犁煤器原理，将链条上面的石头、金属等杂物清理掉。

(3) 彻底解决了主动轮和链条之间被石头、金属等杂物卡住，损坏设备的生产难题。

(4) 特点是投资小见效快。

(5) 经久耐用维护成本低，清理杂物效果好，为文明生产、提质增效奠定了良好基础。

(6) 锅炉犁煤装置现场试验获得成功，已在大庆石化分公司热电厂应用，在同行业电厂具有广阔应用前景。

（作者：李金艳，大庆油田第三采油厂，集输工，特级技师）

轴承感应加热拆装工具的研制与应用

◆ 姜 平

油田采油生产设备维修保养轴承的拆装，大都采用拉力器拉拔和冷砸安装的方法。冷拆装操作对轴承损伤大，影响轴承的使用寿命，操作时既不安全又费时费力影响产量，更换一口抽油机的电机轴承需两人操作、停机时间 2h 以上。如应用电磁感应加热技术改变轴承的拆装方式，可极大地降低采油生产设备的维护保养成本，提高工效。基于此，本文从提升维护保养质量、提高工作效率、优化维护保养操作人员、降低生产成本和安全环保等方面确定思路，基于现场实际需求，对轴承的拆装方法展开技术攻关革新，研制轴承热拆装工具实现无损拆装，达到安全、简便、快捷拆装，缩短停机时间提高工效的目的。目前经现场实验应用，验证效果良好。轴承热拆装工具，可应用于油田生产设备中各类（橡胶密封轴承以外）机泵轴承的热拆装，同时也适用于机械部件的热处理，具有通用性，应用范围广。

1 轴承热拆装工具研制

1.1 研制思路

电磁感应加热技术简称感应加热，是加热金属材料的一种方法。感应加热就是利用集肤效应，依靠电流热效应把工件表面迅速加热，利用电磁感应的方法使被加热材料的内部产生涡流，依靠这些涡流的能量达到加热目的，它主要用于金属热加工、热处理、焊接和熔化。

应用于轴承的热拆装，首先要保证安全性、可靠性和通用性，既能满足轴承拆装温度要求，又能适应不同规格轴承的应用；其次能实现加热温度的自动调节与在线监测；第三，具备高频电磁辐射防护，防止轴承磁化、超温淬火；第四，工具结构轻便、适应现场使用需求，符合安全标准，操作简便、提高工效、节能环保。

1.2 研制内容

依据上述思路，工具研制的内容具体确定为以下几方面：

（1）研究感应加热控制系统的设计及应用；

（2）研究降低电磁感应加热工具的功率损耗；

（3）研究提高温度控制精度，符合安全质量标准；

（4）研究不同应用环境条件下加热温度及功率的精准控制；

（5）在保证安全及技术性能的前提下，优化结构设计，操作简便，安全环保，降低成本；

（6）自动冷却控制、防止轴承磁化、超温淬火。

（6）高频电磁辐射防护。

1.3 技术关键及解决方案

1.3.1 技术关键

（1）根据不同直径的电动机轴承需要加工不同直径的高频电磁感应加热环。

（2）用温度传感器实时监测被加热轴承的表面温度，智能温控装置控制加热温度。

（3）用冷却微型循环泵将冷却液通入铜管制作的加热线圈，对轴承冷却降温保护。

1.3.2 解决方案

（1）高频电源采用并联谐振，锁相环追频ZVS，MOSFET全桥逆变电源，产生涡流，强大的高密度涡流能迅速使轴承升温。

（2）感应圈用紫铜管制作，内壁有分布均匀的喷水孔，利用铜管本身作为水流通路，采用隔膜泵循环喷水。

（3）在轴承热拆装工具手柄嵌入智能温控器，自动监测控制轴承加热温度，控制隔膜泵循环冷却。

（4）整机采用自然冷却，为了降低空载时的功耗，在系统中增加一个检测被加热件是否通过加热线圈的检测电路。当没有被加热件通过加热线圈时，主电路输出关断；当被加热件从加热线圈内通过时，检测电路输出信号系统处于加热状态。

2 轴承热拆装工具结构原理

2.1 主要结构

轴承热拆装工具由高频电源发生器、电磁感应加热线圈、智能温控装置、冷却循环泵等部分组成，如图1所示。

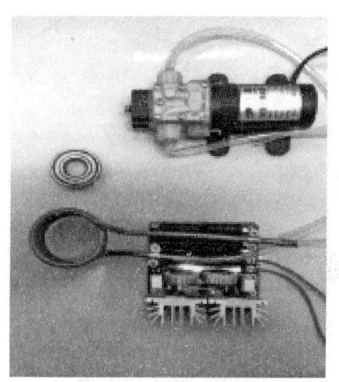

图1 工具结构示意图

2.2 工作原理

轴承加热拆装前，根据轴承尺寸选择相应规格的电磁感应加热线圈，主机上电，将铜管绕成的感应加热线圈套入轴承，当感应圈中通过一定频率的交流电时，在其内外将产生与电流变化频率相同的交变磁场。感应圈内的轴承在磁场作用下，就会产生与感应圈频率相同而方向相反的感应电流。由于感应电流沿轴承表面形成封闭回路产生涡流，将电能变成热能，使轴承表面迅速加热至200℃以上。通过测温传感器控制轴承的加热温度，感应圈用紫铜管制作，内壁有分布均匀的喷水孔，防止轴承加热过温淬火。

3 试验及应用

3.1 现场试验

通过大量的现场试验，轴承拆装加热器的研

制获得成功，已在大庆油田第一采油厂和第六采油厂全面推广，在拆装电动机轴承等方面，具有广阔应用前景（图2）。

对于抽油机普遍使用30kW、45kW电动机的317mm轴承，75kW电动机的319mm轴承，加热只需35s，拆装仅需2min，较以往的操作方法缩短时间近2h。试验表明采用轴承热拆装方式具有极大的社会效益和经济效益。

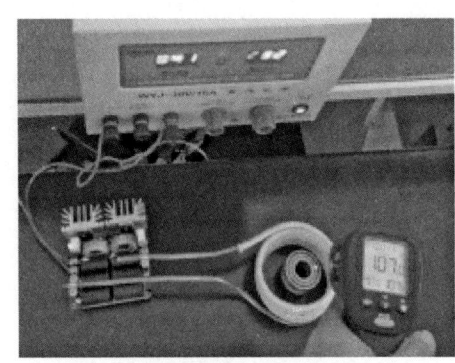

图2 轴承加热中

3.2 现场应用对比

（1）应用前，拆装轴承需两人操作，用时2h以上，抽油机井停机1h影响产油量平均按0.2t，每吨原油按2000元计算，停机2h产量损失800元。

（2）应用后，拆装轴承只需一人操作，拆装轴承仅需2min，抽油机井停机时间仅需20min，较以往的操作方法缩短时间近2h，操作安全环保、省时省力且保证了轴承的安装质量，避免了冷拆装对机械的损伤，延长了轴承的使用寿命，避免了因轴承安装不当，卡死烧毁电机事故的发生。

4 结论

通过研制、试验和应用得出以下结论：

（1）轴承热拆装工具结构轻便、适应现场使用需求、操作简便。适用于更换轴承的常规作业。

（2）轴承热拆装工具的研制，实现了无损拆装、达到安全、简便、快捷拆装、缩短停机时间提高工效的目的，可应用于油田生产设备中各类（橡胶密封轴承以外）机泵轴承的热拆装，同时也适用于机械部件的热处理，具有通用性，应用范围广。

（3）轴承热拆装工具现场试验获得成功，已在大庆油田第一采油厂和第六采油厂全面推广，在更换电动机轴承等方面，具有广阔应用前景。

（作者：姜平，大庆油田第一采油厂，电工，首席技师）